探索魅力科学

TANSUOMEILIKEXUE

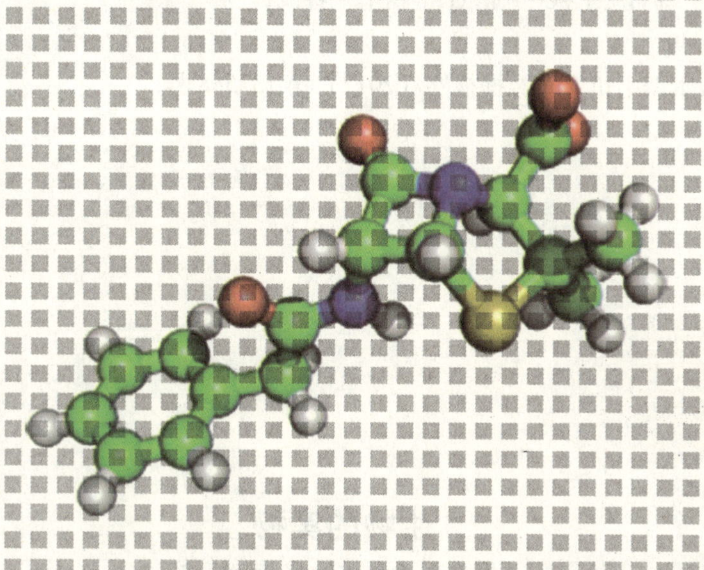

生物的奥秘

SHENGWUDEAOMI

中国长安出版社

图书在版编目（CIP）数据

生物的奥秘／《探索魅力科学》编委会编．—北京：
中国长安出版社，2012.6
（探索魅力科学）
ISBN 978－7－5107－0536－6
Ⅰ.①生… Ⅱ.①探… Ⅲ.①生物学－普及读物
Ⅳ.①Q－49

中国版本图书馆 CIP 数据核字（2012）第 133588 号

生物的奥秘

《探索魅力科学》编委会 编

出 版：中国长安出版社
社 址：北京市东城区北池子大街 14 号（100006）
网 址：http://www.ccapress.com
邮 箱：ccapress@yahoo.com.cn
发 行：中国长安出版社
电 话：（010）85099947 85099948
印 刷：北京市艺辉印刷有限公司
开 本：710 毫米×1000 毫米 16 开
印 张：9
字 数：120 千字
版 本：2012 年 10 月第 1 版 2012 年 10 月第 1 次印刷

书 号：ISBN 978-7-5107-0536-6
定 价：21.40 元

Contents 目录

1 我们身边的生物学

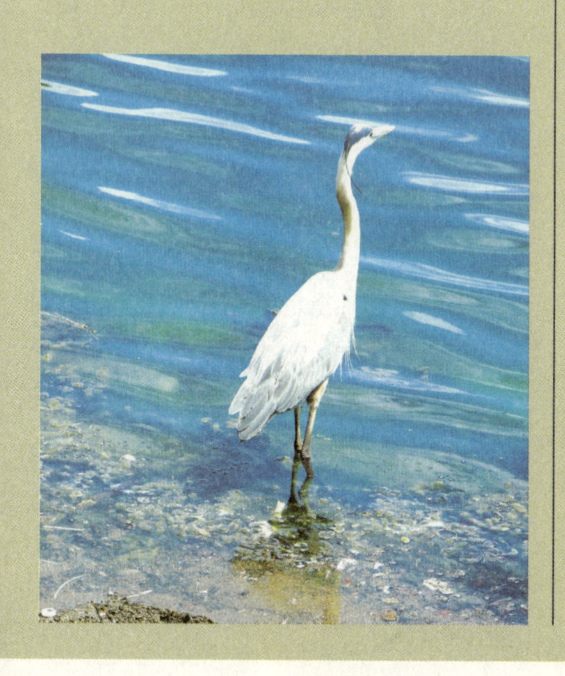

2 自己动手——获知有趣的科学

3 人类对生物的研究和利用

4 献身科学的生物学家们

我们身边的生物学

WOMENSHENBIANDESHENGWUXUE

自20世纪50年代以来，生物学有了很大的发展，特别是分子生物学的突破性成就，不仅使生物学自身发生了革命性的变化，从根本上改变了它在自然科学中的地位和作用，而且对人类的社会生活产生了日益广泛的深刻影响，同时也让我们认识到生物学与我们的生活是息息相关的。

"李斯特菌"在环境中无处不在，在绝大多数食品中都能找到李斯特菌。李斯特菌的生存环境可塑性大，能在2~42摄氏度温度下生存，而且在冰箱冷藏室内可较长时间生长繁殖。

冰箱里也有细菌

BINGXIANGLIYEYOUXIJUN

冰箱的发明让人类远离了发霉的食物，它可以将温度降低并保存物品，让我们在夏天也可以享受新鲜美味的食物，这不能不说是科技带给人的一种进步。

冰箱里有细菌

很多朋友认为，冰箱里是没有细菌的，因此将食物放在冰箱里就不会坏掉，其实，这种认识是错误的。在冰箱4~8摄氏度的温度下，虽然绝大多数的细菌会放慢生长速度，但是有一种叫做"嗜冷菌"的细菌，是可以在0~2摄氏度的环境中继续生长和繁殖的。还有一种叫做"李斯特氏菌"的细菌，在冰箱里反而增长它繁殖的速度。如果误食了被这些细菌污染的食物后，轻者会引起腹痛、腹泻、发热等肠道疾病，严重的甚至会导致败血症。

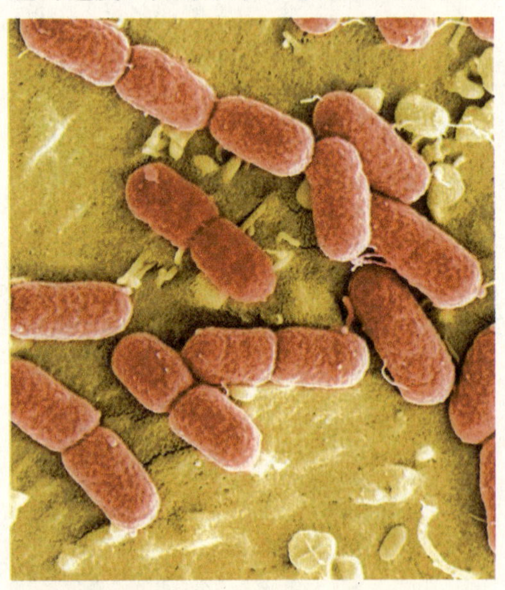

大肠杆菌，是人和动物肠道中最主要和数量最多的一种细菌。

冰箱本身并不具备灭菌功能，它只是在较低的温度环境下，控制多数微生物的生长繁殖速度及抑制酶的催化作用，推迟食物的腐败变质现象。此外，一些真菌和霉菌也会造成冰箱内食物的交叉污染和腐败变质。在冰箱的冷冻层，温度在零下18摄氏度左右，一般的细菌都可以被抑制或杀死，从而对存放在冷冻柜内的食品具有更好的保鲜作用。但冷冻并不等于完全杀菌，仍有一些抗冻能力较强的细菌可以顽强地存活下来。

细菌的适应能力极强，在极度缺氧的环境中、开水中、石油里都能成为它们栖身的地方。所以冰箱里，特别是温度为4～6摄氏度的冰箱冷藏室，就很有可能成为细菌繁衍的场所。尤其是不少错误的习惯往往会令冰箱迅速变成"细菌箱"，这不仅起不到保鲜食物的作用，而且会对我们的身体健康造成影响。

研究表明，如果冰箱温度高于7摄氏度，情况将更为严重，细菌会迅速繁殖。研究人员统计证实，大多数食物中毒发生在家里，很多原因就是冰箱内食物的变质。

冰箱里存放的食物也会变质

大肠杆菌或沙门氏菌是一种肉眼看不

英国卫生健康专家称，卫生条件达标的冰箱，冷藏室每平方厘米的空间寄生细菌不应该超过10种；而抽样调查显示，一般每平方厘米冰箱冷藏室里实际存在的细菌多达8000种，严重威胁人们的身体健康。

知识链接

食物变质

是指在微生物为主的各种因素作用下，食品成分与感官性质的各种酶性、非酶性发生变化及夹杂物污染，从而使食品降低或丧失食用价值的一切变化。食品腐败变质的原因是多方面的，归纳起来有以下几种：因微生物的繁殖引起食品腐败变质；因空气中氧的作用，引起食品成分的氧化变质；因食品内部所含氧化酶、过氧化酶、淀粉酶、蛋白酶等的作用，促进食品代谢作用的进行，产生热、水蒸气和二氧化碳，致使食品变质；因昆虫的侵蚀繁殖和有害物质间接与直接污染，致使食品腐败。

见并且吃不出味道的病菌，当它们附着在变质食物上时是很难被感觉出来的。如果食用这种变质的食物，轻者会有不适感，重者会导致严重的中毒反应。

因此，千万不要认为把食物放进了冰箱就等于放进了“保险箱”，如果是熟食一定要用保鲜盒存放，或者用保鲜膜包好存放，而且存放的时间也不要过长，一般情况下肉类生鲜食品冷藏时间为1~2天，瓜果、蔬菜为3~5天，鸡蛋在冰箱里最多冷藏15天。绿叶蔬菜冷藏5天后，即使没变色，最好也不要吃。冷冻柜内，鱼肉存放的时间最好不要超过两个月。如果鱼或者肉已经发黄，说明脂肪已经被氧化，最好丢弃。

要定期清洁冰箱

科学家们建议，要想杀灭冰箱细菌，最好每两周或至少每月清空冰箱一次，将过期、坏掉、不宜再存放的食物丢弃，并用冰箱消毒剂彻底消毒清洗。

经常清洁冰箱很重要，由于目前家用冰箱使用频率过高，所以最好定期对冰箱进行清洗、除菌、消毒。

其次是清洗方法要正确，除了对冰箱内部常规部位进行清洗、消毒外，还应该注重用高效的冰箱专用消毒剂，来对冰箱内部的滴水槽、隔板槽等死角进行喷射消毒。对冰箱内壁、死角喷雾完成后，应该将冰箱门关闭5~10分钟，让消毒剂充分杀菌，最后再用抹布抹干净。

具体方法：

1. 将冰箱内的食物全部取出；

2. 冰箱清洗剂对准冰箱各角落，进行直接喷射；

3. 关闭冰箱门，作用2分钟；

4. 用冰箱清洗剂清洗拆下的冰箱各部件；

5. 打开冰箱门，用百洁布擦拭冰箱各个角落，接着用冰箱消毒剂对准冰箱的各个角落进行杀菌消毒，静候5分钟，打开冰箱门，异味消失，细菌被杀灭；

6. 透气1分钟，冰箱可正常使用。

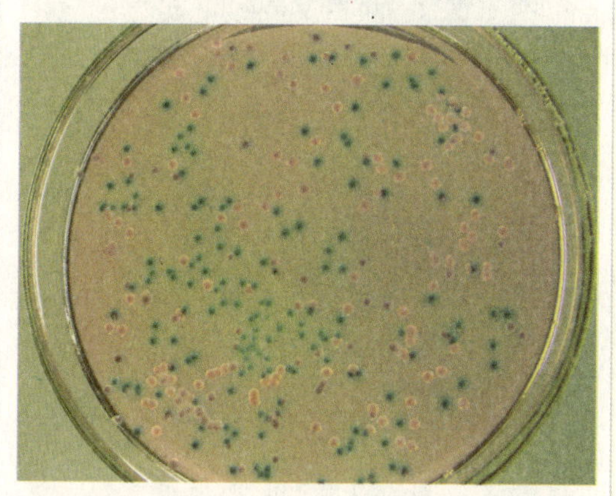

李斯特氏菌在冰箱里反而会加快繁殖速度

霉菌是丝状真菌的俗称，意即“发霉的真菌”，它们往往能形成分枝繁茂的菌丝体，但又不像蘑菇那样产生大型的子实体。在潮湿温暖的地方，很多物品上长出一些肉眼可见的绒毛状、絮状或蛛网状的菌落，那就是霉菌。

面包上的霉菌

MIANBAOSHANGDEMEIJUN

发霉的面包

上个星期，妈妈买来了面包做早餐，但剩下了一小块，又忘记吃，一直放到今天早上。我拿出一看，“咦？面包上为什么会有些‘黑色小豆豆’呢？”我问妈妈。妈妈说，“面包发霉了。”

面包如果过了期，或是发霉，千万不要去吃，因为霉变的过程中产生的霉菌含有对健康有害的物质。

霉菌的产生

霉菌广泛存在于自然界中。面包的组成成分是蛋白质、糖（包括淀粉）、盐等适合霉菌生长的营养物质，当有霉菌的单个或多个颗粒落到面包上，就会导致其增生繁殖，形成我们肉眼可见的大菌落。

霉菌有着极强的繁殖能力，而且繁殖方式也是多种多样的。虽然霉菌菌丝体上的任一片段在适宜条件下都能发展成新个体，但在自然界中，霉菌主要依靠产生形形色色的无性或有性孢子进行繁殖。

长有霉菌的面包

霉菌的孢子具有小、轻、干、多，以及形态色泽各异、休眠期长和抗逆性强等特点。每个霉菌个体所产生的孢子数，经常是成千上万的，有时竟达几百亿、几千亿甚至更多。这些特点有助于霉菌在自然界中随处散播和繁殖。

如何防止面包发霉

面包皮发生霉变是由霉菌作用引起的。污染面包的霉菌种类很多，有青霉菌、青曲霉、根霉菌、赭霉菌及白霉菌等。

初期生长霉菌的面包，就带有霉臭味，表面具有彩色斑点，斑点继续扩大，会蔓延至整个面包表皮。菌体还可以侵入到面包深处，占满面包的整个蜂窝，以致最后使整个面包霉变。

可采用下述措施防止霉变：生产面包的厂房、工具要定期进行清洗和消霉；由于霉菌容易在潮湿和黑暗的环境下繁殖，阳光晒、紫外线照射和通风换气都可以取得明显的预防和杀菌效果。

南方春夏季节高温多雨，面包易生霉。生产中应做到四透，即“拌透”、“发透”、“烤透”、“冷透”，它是防止春夏季节面包发霉的好方法，其中冷透和发透是最关键的。

鸟类迁徙的途径是鸟类往返于越冬地和繁殖地之间经过的区域，决定鸟类迁徙途径的因素包括地表的地形、植被类型、天气、鸟类本身的生物学特性等。

候鸟“搬家”之谜

HOUNIAO BANJIA ZHIMI

很多鸟类具有沿纬度季节迁移的特性，夏天的时候这些鸟在纬度较高的温带地区繁殖，冬天的时候则在纬度较低的热带地区过冬。在北半球，夏末秋初的时候，这些鸟类由繁殖地往南迁移到渡冬地；而在春天的时候由渡冬地往北返回到繁殖地。这些随着季节变化而南北迁移的鸟类称之为候鸟。有很多电影、歌曲等文艺作品以候鸟为名。

目前，科学家们已经发现了4000多种候鸟。这些候鸟会随着季节变化，每年在繁殖地与越冬地之间搬两次家，即南北迁徙。候鸟为什么每年都要搬家呢？

候鸟搬家的解释

有的学者认为，候鸟之所以会搬家是受到了外界环境条件的影响。当冬天来临时，气温急剧下降，日照时间变短，候鸟的食物也随之变少，于是它们不得不离开繁殖的地方，成群结队地去暖和的南方过冬。但是过冬的地方又不适合筑巢，所以春天来临时，它们又会飞回老家繁殖后代。

一群正在迁徙的候鸟

知识链接

候鸟迁徙起源

鸟类和其他生物迁徙行为的起源至今没有定论，较多学者认为，地球上交替出现的冰川期与鸟类迁徙行为的起源有着密切的关系。冰川活动期，生活在纬度较高区域的鸟类被冰川逼迫南移，冰川北退后，出于本能，鸟类又迁回高纬度的繁殖地，从而形成迁徙的行为。也有学者认为迁徙行为源自自然选择的压力。由于迁徙行为是鸟类生命周期中最为艰苦和死亡率最高的阶段，因而有着迁徙行为的鸟类在迁徙过程中都经历了严苛的自然选择。有着这一行为的鸟类种群会在生存竞争中占据有力地位，正是这种原则压力造就了鸟类迁徙的行为。

有的动物学家认为，候鸟搬家与它体内的器官有关。春天，候鸟体内的器官会分泌一种激素，使候鸟产生繁殖后代的欲求，于是它们就会飞回原来的繁殖地区。

但是，更多的生物学家指出，候鸟生活的外界条件和体内器官的活动是相互影响的，关于候鸟搬家的原因目前还只是科学家的猜测。

候鸟“搬家”之谜

候鸟每年的迁徙现象，一直是科学家们疑惑和研究的未解之谜。候鸟为什么要迁徙？是什么原因使候鸟在每年相同的时间段进行迁徙？候鸟是如何决定迁徙的方向和地址的？是不是所有的候鸟都要迁徙？迁徙过程中掉队的候鸟还能否归队？这些都是科学家们研究的课题。

有益人体的菌——食用菌

YOUYIRENTIDEJUN—SHIYONGJUN

目前，世界上已被描述的真菌达12万余种，能形成大型子实体或菌核组织的达6000余种，可供食用的有2000余种。可是，能大面积人工栽培的只有40~50种。

常见的食用菌

下面我们就日常生活中最常见的食用菌做简单介绍：

木　耳

木耳，即黑木耳，色泽黑褐，质地柔软，味道鲜美，营养丰富，不但为中国菜肴大添风采，而且能养血驻颜，令人肌肤红润、容光焕发，并可防治缺铁性贫血及其他药用功效。目前人工培植以椴木和袋料为主。木耳性平、味甘，有凉血、活血、止血、益胃、润燥的功效；内含蛋白质、脂肪、多种糖类、维生素和微量元素、矿物质等；也具有抗癌作用，并能治疗糖尿病，现已被制成药品供口服。其抗癌成分及机理有待进一步研究。

香菇是世界第二大食用菌

> **知识链接**
>
> **食用菌的营养价值**
>
> 菇类的蛋白质含量一般为鲜菇1.5~6%，干菇15~35%，高于一般蔬菜。
>
> 食用菌含有丰富的蛋白质和氨基酸，其含量是一般蔬菜和水果的几倍到几十倍。如鲜蘑菇含蛋白质是大白菜的3倍，萝卜的6倍，苹果的17倍。1千克干蘑菇所含蛋白质相当于2公斤瘦肉，3千克鸡蛋或12千克牛奶的蛋白量。
>
> 食用菌不仅味美，而且营养丰富，常被人们称作健康食品，香菇不仅含有各种人体必需的氨基酸，还具有降低血液中的胆固醇、治疗高血压的作用，近年来还发现香菇、蘑菇、金针菇、猴头菇中含有增强人体抗癌能力的物质。

香　菇

香菇，又名香蕈、冬菇等。性平、味甘，无毒，有滋阴、润肺、养胃、活血益气、健脑强身等功效，是一种高营养、低脂肪的保健食品。香菇含有蛋白质、糖、多种维生素和矿物质。其中最主要的有30多种酶及7种人体必须的氨基酸。香菇中所含的多糖和葡萄糖苷酶，有增强细胞免疫和体液免疫、提高机体的抗癌能力的作用。香菇多糖对小鼠肉瘤的抑制率达98%。

银　耳

银耳，也叫白木耳、雪耳，有“菌中之冠”的美称。它既是名贵的营养滋补佳

品，又是扶正强壮的补药。历代皇家贵族都将银耳看做是“延年益寿之品”、“长生不老之良药”。银耳性平无毒，既有补脾开胃的功效，又有益气清肠的作用，还可以滋阴润肺。

另外，银耳还能增强人体免疫力，以及增强肿瘤患者对放射性化疗的耐受力。因此，建议大家在日常生活中，可以在煮粥、炖猪肉时放一些银耳，这样即可以享受美食，又能滋补身体，一举两得。银耳中含有丰富的蛋白质和维生素，所以银耳粉有抗老去皱及紧肤的作用，常用来敷面还可以去雀斑、黄褐斑等。

猴头菇

猴头菇，又名猴菇。性平、味甘，有利五脏、助消化、补虚损的功效。猴头菇味道鲜美，营养丰富，含蛋白质、碳水化合物、脂肪、粗纤维、氨基酸、矿物质及维生素。猴头菇内提取的多肽、多糖和脂肪族的酰胺类物质，对肉瘤有抑制作用。现

猴头菇，又称猴头菌、猴头蘑、刺猬菌、猬菌，伞菌纲，猴头菇科。

蘑　菇

药厂已生产出猴菇菌片，临床观察对治疗胃癌、胃溃疡和食管癌等均有效。

知识链接

香菇，是我国特产之一，在民间素有“山珍”之称，它是一种生长在木材上的真菌。中国早在汉朝就有人工栽培的记载，见于王祯所著《农书》。香菇味道鲜美，香气沁人，营养丰富，素有“植物皇后”的美誉。

猴头菇，是中国传统的名贵菜肴，肉嫩、味香、鲜美可口。有“山珍猴头，海味燕窝”之誉。

食用菌的药用价值

食用菌的药用价值非常高，它具有抗肿瘤的作用。适当吃些食用菌还能增强人体的免疫功能和增强体液免疫功能。食用菌还能预防和治疗心血管系统疾病，并且能保肝解毒、健胃养胃。另外，食用菌对中枢神经系统有镇定作用，还能降低血糖，具有抗放射作用，并且有清除自由基抗衰老的作用，最重要的是食用菌还能延年益寿。

细菌是生物的主要类群之一，细菌是所有生物中数量最多的一类，据统计，其总数约有510的30次方个。细菌的个体非常小，目前已知最小的细菌只有0.2微米长，因此大多只能在显微镜下看到它们。

口腔里的细菌

KOUQIANGLIDEXIJUN

口腔里的细菌

正常情况下口腔中的细菌有葡萄球菌、链球菌、大肠杆菌、白色念珠菌等几百种。当口腔有疾患时，这些细菌就会大量繁殖，形成慢性感染灶，通过血液传播等途径引起败血症、风湿热、心脏病、血液病、关节病、肾病、早产、老年性痴呆等疾病。

又由于口腔位于呼吸道、消化道的上游，因此口腔感染后极易导致咽喉炎、扁桃体炎、气管炎、肺炎、胃溃疡、肠结核等疾病。同时，口腔炎症因解剖关系还可波及鼻腔和中耳。有研究表明：胃炎、胃溃疡的“元凶”幽门螺旋杆菌不仅可以在胃幽门部检出，也能在口腔、牙、唾液中查出。人们还在由于血管栓塞造成的心脏病的栓塞物中找出了引发牙周病的细菌。

为防止细菌滋生牙刷应头朝上放置

科学研究发现，患牙周病的人患心脏病的概率比正常人高2倍，患脑中风的概率比正常人高1倍。

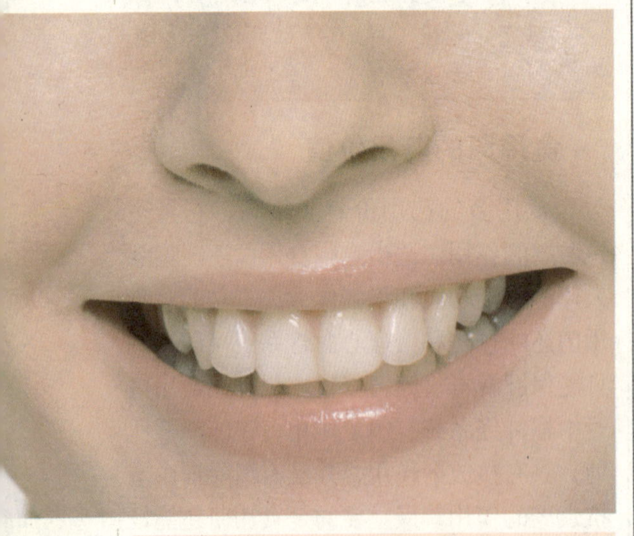

保持牙齿清洁卫生

知识链接

正确刷牙：

刷牙是保持口腔清洁、防止细菌滋生的主要途径。刷牙能清除口腔内的食物残留物和牙齿表面的细菌，从而预防各种口腔疾病。

刷牙前牙刷和牙膏最好不要沾水，更不要用水漱口，水会使牙刷、牙膏、牙齿的之间的摩擦性减小。刷牙时，牙刷和牙齿呈45度角，上下轻刷，每个牙齿应至少刷10次。每次刷牙时间至少保持3分钟，这样才能彻底地清除口腔细菌。刷牙后最好用温水漱口。

细菌广泛分布于土壤和水中，或者与其他生物共生。人体身上也带有相当多的细菌。据估计，人体内及表皮上的细菌细胞总数约是人体细胞总数的十倍。

医学界最新的一项研究发现，在242名口腔检查病人中，发现有210人的口腔牙菌斑中，含有会导致胃肿瘤的细菌。

口腔中细菌种类的变化与人的生活习惯有关系，比如吸烟人的口腔中有烟草杆菌；口腔卫生习惯不好的人，多厌氧菌。

此外，口腔中细菌数目也在随时变化，刷牙漱口以后则口腔中细菌总数减少，可是在口腔不进食、不饮水的状态下，细菌还会繁殖增多。由于口腔是恒温37摄氏度左右，有食物残渣，有水分，有空气，所以细菌就持续繁殖。

总之，口腔中细菌总数不固定，随时在变化，因此饭后漱口和早晚刷牙漱口是减少细菌滋生、保持口腔清洁的最好方法。

细菌的危害

细菌对环境、人类和动物既有益处又有危害。一些细菌称为病原体，能够导致破伤风、伤寒、肺炎、梅毒、霍乱和肺结核等疾病。在植物中，细菌导致叶斑病、火疫病和萎蔫。感染方式包括接触、空气传播、食物、水和带菌微生物。病原体可以用抗菌素处理，抗菌素又分为杀菌型和抑菌型。

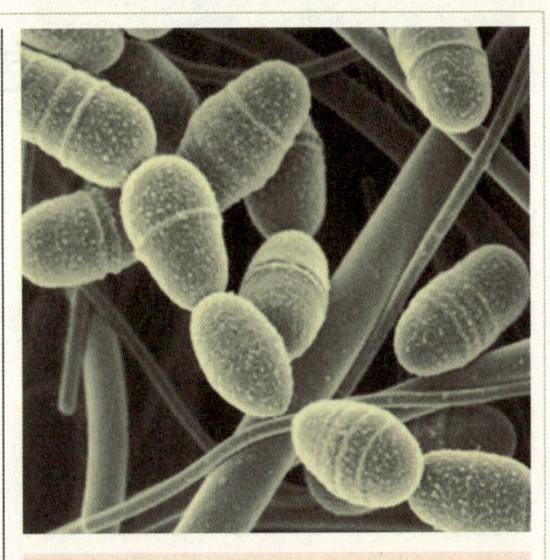

口腔细菌：齿垢密螺旋体

知识链接

口腔和牙齿的健康标准

在日常生活中，每个人都希望口腔内有一副洁白健康的牙齿。那么怎样判断自己的口腔和牙齿是否健康呢？

1981年，世界卫生组织将口腔健康的标准确定为：

牙齿清洁、无龋洞、无疼痛感、牙龈颜色正常、无出血现象。

简言之，牙齿健康最重要、最基本的就是口腔器官、组织结构及功能均正常。据世界卫生组织调查表明，中国达到牙齿健康标准的人口不足1％。

细菌的作用

有些细菌是“病原的”细菌，其含义是致病的细菌。然而，大多数类型的细菌不是致病的，有的甚至还是非常有益的。例如，土壤的肥沃在很大程度上取决于住在土壤中的细菌的活性。

细菌通常与酵母菌及其他种类的真菌一起用于发酵食物。例如在醋的传统制造过程中，就是利用空气中的醋酸菌使酒转变成醋。其他利用细菌制造的食品还有奶酪、泡菜、酱油、酒、酸奶等。细菌也能够分泌多种抗生素，例如链霉素就是由链霉菌所分泌的。

细菌也对人类活动有很大的影响，在生物科技领域中，细菌也有着广泛的运用。

酸奶是以新鲜的牛奶为原料，经过巴氏杀菌后再向牛奶中添加有益菌，经发酵后，再冷却灌装而成的一种牛奶制品。目前市场上酸奶制品多以凝固型、搅拌型和添加各种果汁果酱等辅料的果味型为多。

发酵后的酸奶营养更丰富

FAJIAOHOUDESUANNAIYINGYANGGENGFENGFU

酸奶的营养价值

面粉经发酵制成馒头就容易消化吸收，牛奶发酵制成酸奶也是同样道理。发酵过程使牛奶中的糖和蛋白质有20%左右被分解成为小分子（如半乳糖和乳酸、小的肽链和氨基酸等）。经发酵后，酸奶中的脂肪酸含量比原料奶增加2倍。这些变化使酸奶更易消化和吸收，各种营养素的利用率得以提高。酸奶由纯牛奶发酵而成，除保留了鲜牛奶的全部营养成分外，在发酵过程中乳酸菌还可以产生人体所必须的多种维生素，如维生素B_1、维生素B_2、维生素B_6、维生素B_{12}等。

酸奶（又称酸乳），是乳制品的一种，由动物乳汁经乳酸菌发酵而成。

对乳糖消化不良的人群，吃酸奶也不会发生腹胀、气多或腹泻现象。鲜奶中钙含量丰富，经发酵后，钙等矿物质都不会发生变化，但发酵后产生的乳酸，可有效地提高钙、磷在人体中的吸收率，所以酸奶中的钙和磷更容易被人体吸收利用。

酸奶是钙的良好来源，虽然说酸奶的营养成分取决于原料奶的来源和成分，但是一般说，发酵后的酸奶比原料奶的各种营养成分都有所提高，一方面因为原料质量的要求高，另一方面因为有些酸奶制作中加入少量奶粉。所以一般来讲，饮用一杯150克的酸奶，可以满足10岁以下儿童一天所需钙量的1/3，成人钙量的1/5。

酸奶的功效与作用：

1. 能将牛奶中的乳糖和蛋白质分解，使人体更易消化和吸收；

2. 酸奶有促进胃液分泌、提高食欲、加强消化的功效；

3. 酸奶中的乳酸菌能减少某些致癌物质的产生，因而有防癌作用；

4. 能抑制肠道内腐败菌的繁殖，并减弱腐败菌在肠道内产生的毒素；

5. 有降低胆固醇的作用，特别适宜高血脂的人饮用；

6. 能够加快病人的康复。

一般来说，无论是手术后，还是急性、慢性病愈后的病人，为了治疗疾病或防止感染都曾服用或注射过大量抗生素，

使肠道菌丛发生很大改变，甚至一些有益的肠道菌也统统被抑制或杀死，造成菌群失调。酸奶中含有大量的乳酸菌，每天喝0.25~0.5千克，可以维持肠道正常菌丛平衡，调节肠道有益菌群保持正常水平。所以大病初愈者多喝酸奶，对身体恢复有着其它食物所不能替代的益处。因此，酸奶对于久病初愈的人来说是非常重要的。

酸奶的保健作用

酸奶除了营养丰富外，最重要的是它含有乳酸菌。乳酸菌对人体有保健作用。

1. 维护肠道菌群生态平衡，形成生物屏障，抑制有害菌对肠道的入侵；

2. 通过产生大量的短链脂肪酸，促进肠道蠕动及菌体大量生长，改变渗透压而防止便秘；

3. 酸奶含有多种酶，促进消化吸收；

4. 通过抑制腐生菌在肠道的生长，抑制了腐败所产生的毒素，使肝脏和大脑免受这些毒素的危害，防止衰老；

5. 通过抑制腐生菌和某些菌在肠道的生长，从而也抑制了这些菌所产生的致癌因子，起到防癌的作用；

6. 提高人体免疫功能，乳酸菌可以产生一些增强免疫功能的物质，可以提高人体免疫，防止疾病。

知识链接

喝酸奶的最佳时间

一般来说，饭后30分钟到2个小时之间饮用酸奶效果最佳。

人在通常状况下，胃液的pH值在1~3之间；空腹时，胃液呈现酸性，pH值在2以下，不适合酸奶中活性乳酸菌的生长。只有当胃部pH值比较高，才能让酸奶中的乳酸菌充分生长，有利于健康。饭后两小时左右，人的胃液被稀释，pH值会上升到3~5，这时喝酸奶，对吸收其中的营养最有利。另外，如果在空腹状态下饮用酸奶，很容易刺激胃肠道排空，酸奶中的营养来不及彻底消化吸收就被排出；饭后喝酸奶则可减少对胃的刺激，让酸奶在胃中被慢慢吸收。

酸奶不能煮了喝

酸奶不要煮熟了喝

酸奶一经蒸煮加热后，所含的大量活性乳酸菌会被杀死，其物理性状也会发生改变，产生分离沉淀，酸奶特有的口味和口感都会消失。酸奶最有价值的东西就是酸奶里的乳酸菌，它不仅可以分解牛奶中的乳糖，从而产生乳酸，使肠道的酸性增加，且有抑制腐败菌生长和减弱腐败菌在肠道中产生毒素的作用，如果把酸奶进行加热处理，酸奶中的乳酸菌会被杀死，其营养价值和保健功能便会降低，因此饮用酸奶不能加热，夏季饮用宜现买现喝，冬季可在室温条件下放置一定时间后再饮用。

已知酵母有1000多种，酵母菌在自然界分布广泛，主要生长在偏酸性的潮湿的含糖（主要是淀粉）环境中，在酿酒中，它十分重要。酵母菌是人类文明史中被应用的最早的微生物。

馒头、酒和酵母菌

MANTOU JIUHEJIAOMUJUN

家里常做馒头、发糕等面食，吃起来，既松软，又好吃。你知道这又香又软的面食是怎样做成的吗？原来是酵母菌干的好事。

酵母菌的作用

酵母菌是一种真菌，广泛分布在自然界，是一种重要的发酵微生物，能分解碳水化合物，产生酒精和二氧化碳。酵母种类很多，人们常用的有面包酵母、酒精酵母、葡萄酒酵母、啤酒酵母、饲料酵母等等。它们个儿都很小，在显微镜下面呈圆球形、卵形和椭圆形等等，一千个酵母菌排列成行，也只有一厘米长。

酵母的利用，在我国有着源远流长的历史。古代地理书《山海经》里记述了猴子喜爱喝酒的趣事：果树漫山遍野，果子吃不完，常常落到地面低凹处，果子里的汁液溢出来，经过空气中的酵母菌作用，把糖发酵成酒精，变成天然的"果子酒"，猴子最早尝到了美酒滋味。后来，人们偶尔尝到了这种味美的酒，终于学会了酿酒。古人叫酵母为粬，最早用于酿酒。

酵母发酵的馒头

酵母菌的营养价值

现在，市场上卖的鲜酵母，用来做馒头要比用发酵粉好。因为，鲜酵母会利用面粉中的淀粉做养料，繁殖得很快，不断分解成酒精和二氧化碳。由于菌体大量繁殖，还产生出各种蛋白质、维生素B_{12}、细胞色素和生理活性物质等，对人体很有利。而发酵粉是一种碳酸氢钠粉剂，只能产生二氧化碳，使面团变得膨胀、松软，却不会增加面团的营养成分。

同样用鲜酵母制作面食，馒头就不如面包的营养价值高。这是为什么？

原来，面包在制作过程中，还加进了一些糖和油脂等佐料，经过两次发酵，酵母繁殖更多，由此产生的营养物质也多。面包比馒头更松软，产生的热量也多，更容易被人体消化吸收。

酵母菌酿酒

酒酿醪糟是怎样制作的呢？把糯米蒸熟以后，把饭摊开，等到饭凉了以后放进酒药拌和，然后把饭放进经过消毒的有盖的容器中去，用干净的筷子或饭勺把饭压紧，中间扒出个圆柱形的洞，最后，加盖保温。室温在27摄氏度左右的时候，只要经过一两天，酵母菌就能帮你酿出香甜的酒酿了。

啤酒又是怎样酿造的呢？道理也是

一样。啤酒是用麦芽经过糖化，加进酒花，由酵母菌发酵制造的。酒花是蛇麻草的雌花，绿色，带有幽香，含芳香油、苦味素和单宁等成分。啤酒发酵后，还产生了少量的甘油、乳酸、醋酸和大量的二氧化碳。难怪喝啤酒的时候，就感到那种花香、麦芽香和淡淡的苦味了。

面粉发酵的原理

面粉是由蛋白质、碳水化合物、水分等成分组成的。在面包发酵过程中，起主要作用的是蛋白质和碳水化合物。面粉中的蛋白质主要由麦胶蛋白、麦谷蛋白、麦清蛋白和麦球蛋白等组成，其中麦谷蛋白、麦胶蛋白能吸水膨胀形成面筋质。这种面筋质能随面团发酵过程中二氧化碳气体的膨胀而膨胀，并能阻止二氧化碳气体的溢出，提高面团的保气能力，它是面包制品形成膨胀、松软特点的重要条件。面粉中的碳水化合物大部分是以淀粉的形式存在的。淀粉中所含的淀粉酶在适宜的条件下，能将淀粉转化为麦芽糖，进而继续转化为葡萄糖供给酵母发酵所需要的能量。面团中淀粉的转化作用，对酵母的生长具有重要作用。

酵母作用

酵母是一种生物膨胀剂，当面团加入酵母后，酵母即可吸收面团中的养分生长繁殖，并产生二氧化碳气体，使面团形成膨大、松软、蜂窝状的组织结构。如果用量过多，面团中产气量增多，面团内的气孔壁迅速变薄，短时间内面团持气性很好，但时间延长后，面团很快成熟过度，持气性变劣。因此，酵母的用量要根据面筋品质和制品需要而定。

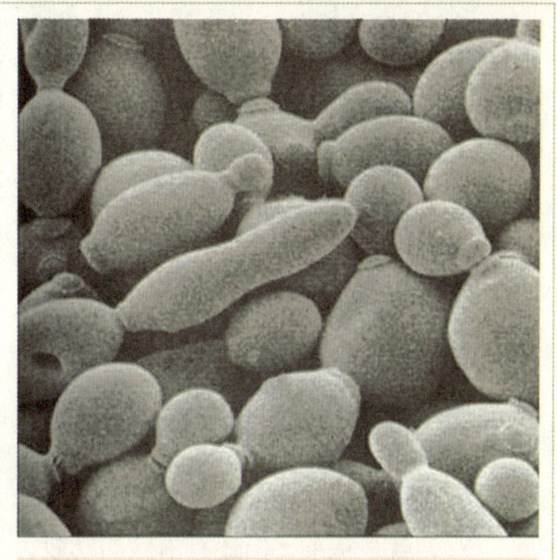

酵母菌群图

水的作用

水可以使面粉中的蛋白质充分吸水，形成面筋网络；使面粉中的淀粉受热吸水而糊化；促进淀粉酶对淀粉进行分解，帮助酵母生长繁殖。

盐的作用

盐可以增加面团中面筋质的密度，增强弹性，提高面筋的筋力；如果面团中缺少盐，饧发后的面团会有下塌现象。盐可以调节发酵速度，没有盐的面团虽然发酵的速度快，但发酵极不稳定，容易发酵过度，发酵的时间难于掌握。

知识链接

有实验证明，每一千克酵母所含的蛋白质，相当于5千克大米、2千克大豆或2.5千克猪肉的蛋白质含量。因此，馒头、面包中所含的营养成分比大饼、面条要高出3~4倍，而蛋白质高出近2倍。另外，发酵后的酵母还是一种很强的抗氧化物，可以保护肝脏，有一定的解毒作用。

新鲜木耳中含有一种化学名称为"卟啉"的特殊物质，人吃了新鲜木耳后，经阳光照射会发生植物日光性皮炎，引起皮肤不适。相比起来，晒干的木耳更安全。在曝晒过程中大部分卟啉会被分解掉。

金针菜与木耳

JINZHENCAIYUMUER

每当节日之际，合家欢聚，共进晚餐。各色佳肴，使你大开胃口。在丰盛的宴席上，往往少不了金针菜、木耳、香菇、冬笋之类的配料，"金针云耳蒸鸡"、"一声春雷"是粤、川名菜，用金针菜、木耳烹调成菜，别具风味，吃起来清香鲜美，爽滑可口。

你见过金针菜和木耳吗？

对，就是蔬菜，但还有治病的功效，这点大家知道吗？

金针菜的功用

金针菜，又叫黄花菜，是百合科多年生宿根草本植物，跟萱草同属。它夏季开花，花茎顶端有 3～6 朵花，花蕾色泽金黄，形似针状，因此得名。

金针菜的营养价值很高。在100克干金针菜中，含蛋白质14.1克，碳水化合物60.1克，脂肪0.4克，钙0.64克，磷0.26克，铁0.02克，还含有多种维生素和胡萝卜素等等。我国的金针菜在国外享有盛誉，远销日本、东南亚、美国和非洲等地。

黄花菜

知识链接

黄花菜是一种多年生草本植物的花蕾，味鲜质嫩，营养丰富，含有丰富的花粉、糖、蛋白质、维生素C、钙、脂肪、胡萝卜素、氨基酸等人体所必须的养分，其所含的胡萝卜素甚至超过西红柿的几倍。黄花菜性味甘凉，有止血、消炎、清热、利湿、消食、明目、安神等功效，对吐血、大便带血、小便不通、失眠、乳汁不下等有疗效，可作为病后或产后的调补品。

黑木耳又称云耳、木檽、光木耳、木蕊、木菌、树鸡，是木耳科木耳属一种食用菌。生于枯死的树干上，也可以用阔叶树类的椴木和木屑人工栽培；生长环境需散光、湿润和温暖。黑木耳是著名的山珍，可食、可药、可补，中国老百姓餐桌上久食不厌，有"素中之荤"之美誉，世界上被称之为"中餐中的黑色瑰宝"。

人们吃了金针菜以后，感到舒畅安怡，因此它还有另一个美名："安神菜"。

我国种植金针菜已有几千年历史，最早作为名花观赏。那时也叫忘忧草或萱草、谖草。《诗经》中有"北堂幽暗，可以种萱"的诗句，表达了游子要远行在母亲的堂前种上萱草，希望母亲减轻对孩儿的思念之情。

《本草纲目》中记载，金针菜消食清

金针也称黄花菜，是中国历史悠久的食物之一。原产于中国、西伯利亚、日本和东南亚。中国人食用经常是将其花干燥之后煮汤。金针的根茎是中药药材，可消肿退火。金针花在典籍中记载，属凉性食材，有润肺功能，铁质相当丰富。

热、消炎之功效。现代，医疗用途更广，据中医临床验证，金针菜的根有安神、消炎、解热、止血、利尿、通乳、健胃等功效。金针菜的花、叶、根、茎，或食或敷，可治疗肝炎、水肿、感冒、痢疾、乳腺炎、小便不通、大便带血、扭挫腰痛、风湿性关节炎等多种疾病。

木耳的功用

木耳是一种珍贵的食用真菌，也是我国传统的出口商品。它形态奇妙，风味独特，别名很多。木耳分假根（菌柄）和子实体两部分，通常吃的都是子实体。木耳生于枯死的桑、槐、柳、榆等树干上，子实体略呈耳形。子实体不含叶绿体，呈褐色，干后变黑，又叫黑木耳；它长在椴木上，仿佛蛾蝶玉立，又叫木蛾；重瓣的木耳一朵朵镶嵌在朽树干上，宛如一片片浮云，所以也叫云耳。

木耳营养丰富，含蛋白质、脂肪和糖。糖类中有甘露糖、葡萄糖、木糖、葡萄醛酸和少量的戊糖，还含有磷、钙、铁、胡萝卜素、硫胺素、核黄素、尼克酸等等成分。我国从黑龙江到云贵高原，以及东南部地区都有出产。目前我国很多地区都进行人工栽培木耳，以满足人民需要。

黑木耳

知识链接

与木耳相克的食物

1. 木耳不宜与田螺同食。从食物药性来说，寒性的田螺，遇上滑利的木耳，不利于消化，所以二者不宜同食。

2. 木耳与野鸡不宜同食。野鸡有小毒，二者同食易诱发痔疮出血。

3. 木耳不宜与野鸭同食。野鸭味甘性凉，同食易消化不良。

4. 萝卜和木耳不能一起涮锅。二者一起食用可能导致皮炎。

我国食用木耳有悠久的历史。《本草纲目》中记载，木耳名“耳”是象形，有趣的是它的拉丁文学名，意思也是“形似耳朵”。

中国医药家常把木耳当作滋补强壮、清肺益气、补血活血、镇静止痛的药物来使用。不久前，美国明尼苏达大学医学院教授海默斯密特给病人的时候，偶然发现一位老人做抽血试验时抽出的，血没有像通常那样凝成块。他认为这是病情极其重要的改变，当问起病人最近生活上有无重大变化的时候。病人回答说，前一天上了中国餐馆，吃了几道中国菜，这些菜的配料都有黑木耳。于是，海默斯密特带领工作人员也去吃同样的中国菜，第二天抽血化验，得到的结果也跟病人身上发现的相同。

通过多次反复试验，终于证实：中国出产的黑木耳，对预防和治疗冠心病有一定疗效。这消息立刻轰动了美国，木耳顿时成了传奇式的食物。

红薯又名甘薯，常见的多年生植物，其蔓细长，茎匍匐地面。皮色发黄或发红，肉大多为黄白色，但也有紫色，除供食用外，还可以制糖和酿酒、制酒精。

可以抗癌的红薯

KEYIKANGAIDEHONGSHU

入秋以后，红、黄、白、紫各色的红薯应市了。红薯有多种叫法，因为大多数地区种植的红薯都是红皮的，所以媒体大都习惯叫红薯。古代清官有名言：“当官不为民做主，不如回家卖红薯。”

红薯的吃法

隆冬时分，红薯变得更甜了，许多人爱吃蒸红薯，味道细腻像栗子；还有烤红薯的香甜味儿，更使人们对它欲罢不能。

红薯适宜熟吃，却不宜生吃。红薯除含水分、糖类和维生素以外，主要成分是淀粉。生红薯的淀粉粒外面包着一层坚韧的膜，你生吃的时候，淀粉酶就很难跟淀粉接触，无法把它水解，胃肠不能很好消化，只能吸收一些糖分和维生素。这样，几乎所有的淀粉都被浪费了。

红薯含有多种营养元素并具有抗癌作用

红薯蒸熟或烤熟以后，包在淀粉粒外面的膜破裂了，你吃的时候，淀粉酶就能够充分地跟淀粉发生作用，生成麦芽糖，味道比生红薯更甜。

据测定，每100克红薯含脂肪仅为0.2克，是大米的1/4，是低热量、低脂肪食品中的佼佼者。红薯还含有均衡的营养成分，由于红薯所含的纤维结构在肠道内无法被吸收，有阻挠糖类变为脂肪的特殊功能。故而，营养学家称红薯为营养最平衡的保健食品，也是最为理想而又价格低廉的减肥食物。

红薯的营养价值

红薯含有丰富的糖、纤维素和多种维生素营养，其中β-胡萝卜素、维生素E和维生素C尤其多。特别是红薯含有丰富的赖氨酸，而大米、面粉恰恰缺乏赖氨酸。红薯与米面混吃，可以得到更为全面的蛋白质补充。就总体营养而言，红薯可谓是粮食和蔬菜中的佼佼者。欧美人赞它是“第二面包”。

红薯含有丰富的胡萝卜素，可促使上皮细胞正常成熟，抑制上皮细胞异常分化，消除有致癌作用的氧自由基，阻止致癌物与细胞核中的蛋白质结合，促进人体免疫力增强。

红薯的抗癌功效

最近，中国医学工作者对广西西部的百岁老人之乡进行调查后发现，此地的长寿老人有一个共同的特点，就是习惯每日

红薯放久了，水分减少很多，相对的增加了红薯中糖的浓度。在放置的过程中，由于水参与了红薯内淀粉的水解反应，淀粉水解变成了糖，这样使红薯内糖分增多起来。因此，旧薯比新薯甜。

食红薯，甚至将其作为主食。

无独有偶，日本国家癌症研究中心最近公布的20种抗癌蔬菜，红薯名列榜首。日本医生通过对26万人的饮食调查发现，熟红薯的抑癌率（98.7%）略高于生红薯（94.4%）。美国费城医院也从红薯中提取出一种活性物质——去雄酮，它能有效地抑制结肠癌和乳腺癌的发生。

红薯是如何传到中国的

红薯原产地是美洲，传到中国经历了一段曲折的历史。

明万历二十一年（1593年），福建省长乐县人陈振龙去吕宋（现在的菲律宾）经商，看到当地种植一种食用块根红薯，根大如拳，皮色朱红，生熟可食，产量高，味道好，耐瘠薄，是一种保丰补歉的备荒作物。他想到家乡“土瘠民贫，粮食缺乏”，如果能把它引种回国，可以使百姓荒年无饥饿之忧。

白色的红薯花

可是，红薯是西班牙殖民者从美洲引来的，严令禁止外传。陈振龙只好冒着危险，花了很大一笔钱，买了几尺长的红薯藤秧，把它精心藏在浸水的缆绳里，经过七天海上航行，才带回福州。

陈振龙叫他儿子陈经纶向福建巡抚献红薯藤，并上了禀帖。巡抚金学曾看了呈文，要陈经纶赶快试种，他就在自家屋后栽种，四个月后，掘得“形如玉瓜、藕臂”、“味同梨枣食可充饿”的累累块根。

这位巡抚亲自尝了滋味，就下令在各地推广种植。后人为纪念他们，在福州乌石山上，建了“先薯祠”，立了“清政碑”，把红薯叫做“金薯”，供奉先贤，立有碑刻，以赞颂他们种薯的功绩。

18世纪前后，红薯普遍种到我国各地，从黑龙江到海南岛，从东海之滨到新疆盆地，“垅垅绿土块块果，蔓蔓长藤节节根”，种植面积之广，居世界第一。

知识链接

红薯叶的价值

红薯叶，即秋天红薯成熟后地上秧茎顶端的嫩叶。红薯叶与常见的蔬菜比较，矿物质与维生素的含量均属上乘，胡萝卜素含量甚至高过胡萝卜。因此，亚洲蔬菜研究中心已将红薯叶列为高营养蔬菜品种，称其为“蔬菜皇后”。

研究发现，红薯叶有提高免疫力、止血、降糖、解毒、防治夜盲症等保健功能。经常食用有预防便秘、保护视力的作用，还能保持皮肤细腻、延缓衰老。近年在欧美、日本、香港等地掀起一股“红薯叶热”。用红薯叶制作的食品，甚至摆上了酒店、饭馆的餐桌。

全球约有3000种蚊子，蚊子是一种具有刺吸式口器的纤小飞虫。通常雌性以血液作为食物，而雄性则吸食植物的汁液。吸血的雌蚊会传染疾病，是疟疾、黄热病、丝虫病等其他病原体的中间寄主。

爱叮人的蚊子

AIDINGRENDEWENZI

夏日的夜晚，当你困倦入睡的时候，蚊子“嗡嗡”飞来，轻盈地落到你身上，用尖喙扎进皮肤，贪婪地吸血。你醒来拍打的时候，它早就溜走啦。可恶的是，蚊子吸了血以后，被它叮过的这一块皮肤会变成红肿块，使你感到又痛又痒。那是蚊子的 唾液刺激皮肤的结果。

蚊子喜欢暖湿环境

蚊子不仅叮人，还叮咬老鼠、红雀等动物，在人兽之间传染流行性乙型脑炎等几十种疾病。全世界被蚊子传染的各种疾病患者，每年多达一百万人以上。

蚊子在黑暗中是怎样找到人的呢?

蚊子找人的奥秘是很复杂的。科学家发现蚊子的起飞和停落，同空气中的二氧化碳浓度有关系。人和动物呼吸的时候，要呼出二氧化碳。这种气体可以刺激蚊脑中的“飞动命令中枢”。二氧化碳浓度增大了，蚊子飞动的次数也增加，可能是这个“命令中枢”指挥着蚊子沿着二氧化碳气味的散发方向来找到人或者动物的。

蚊子

知识链接

除南极洲外各大陆皆有蚊子的分布。蚊科均为完全变态，包括四个发育时期：卵、幼虫、蛹及成虫。蚊子的幼虫，又称为“孑孓”。通常生活在池沼、水沟或积水的器皿等处。孑孓常用尾端贴著水面，作倒垂式的漂浮，这是孑孓在呼吸。它利用腹部近尾端的呼吸管，直接呼吸水面上的空气。孑孓利用口的刷毛会产生水流，流向嘴巴，以摄食有机物及微生物，但有少数种类以其他孑孓为食物。孑孓经过四次蜕皮后会发育成蛹。

科学家还发现，暖湿的环境对蚊子的吸引力特别大。有人曾经做过实验：在一个通风道里，设置三个圆筒，一个是温暖的，一个是潮湿的，还有一个是温暖而潮湿的，并且在通风道的气流中加进二氧化碳气体。

实验发现，停留在这三个圆筒里的蚊子有多有少，分别是：七只、二十二只和三百五十八只。

这说明暖湿的环境是蚊子最喜爱的活动场所，也是高温湿润的夏季蚊子活动最旺盛的原因。

蚊子为什么对温暖潮湿的环境那样敏感呢？原来，人和恒温动物向体外散发一定的热量和水分，他们周围的空气就会产生对流，尽管这种对流的气流很微弱，蚊子也会感觉到。蚊子随着这种对流的温湿空气飞舞，盘旋徘徊，从而找到了吸血的

对象。

蚊子最爱叮谁

通常，蚊子爱叮穿黑衣服的人，爱叮平时出汗多、又不爱洗澡的人，爱叮皮肤娇嫩的儿童等等。

这是怎么回事呢？原来，蚊子头部长有一对复眼，它可以识别物体的轮廓，还可以区别不同的颜色和光线的强弱。蚊子大多喜欢弱光，讨厌黑暗或者强光的环境。你穿上白衣服的时候，反射的光比较强，对蚊子就有驱赶作用。

相反，你穿了黑色衣服以后，光线比较暗，很适合蚊子的视觉习惯，被蚊子叮咬的机会就多啦。

蚊子头部和腿上长有触角和刚毛，这些都起着传感器的作用，也是蚊子察觉周围世界的器官。它们对温度、温度、气流、汗液等都很敏感，能接收外界的许多信息。平时出汗多、又不爱洗澡的人，皮肤上粘有一种酸性的氨基酚和盐类，蚊子凭着这种气味“导航”飞去叮人。儿童的皮肤很娇嫩，新陈代谢活泼，皮肤上的毛孔挥发汗液快，也容易被蚊子察觉到。

当你走动或摇扇乘凉的时候，所产生的气流对蚊子的传感器是一种威胁，它不敢飞近身旁。如果你静坐或睡觉的时候，蚊子很少感受到这种威胁，知道外界没有干扰，就飞落到你的身上，来个突然袭击。

蚊子的幼虫

知识链接

蚊子过冬

一般蚊子每年4月开始出现，至8月中下旬达到活动高峰。秋天气候变冷温度降到10摄氏度以下时，蚊子就会停止繁殖，大量死亡，有极少的蚊子会存活，它们在墙缝等可以避风避寒的地方，比如躲藏在室内较温暖、且较隐蔽处，如衣柜背后等。但会躲开较热的地方，如暖气等。这样既可以躲过严冬，又可以降低新陈代谢速度，避免饥饿而死。有点儿像冬眠。

在室外，蚊子一般躲藏在暖气管道内等较温暖处，第二年出现的蚊子更多的是卵孵化出来的。

雄性蚊子不咬人

一定要记住会叮人的全是雌蚊。雄蚊的口器已经退化，下颚短小细弱，不会叮人，它们靠吸取花蜜和植物汁液为生。

人们知道了蚊子叮人的奥秘以后，要设法驱避蚊子。古代人很早就经常利用点蚊香、焚烧艾草的方法驱蚊，让它们散发出的挥发性物质，起到驱避蚊子的作用。现代的驱蚊剂，利用驱避药物，作用于蚊子的感受器，使蚊子飞走。

苍蝇具有一次交配可终身产卵的生理特点，苍蝇的寿命一般是25天，一只雌蝇一生可产卵5~6次，每次产卵数约100~150粒，最多可达300粒左右，一年内可繁殖10~12代。

令人讨厌的的苍蝇

LINGRENTAOYANDECANGYIN

赶不走的苍蝇

你讨厌苍蝇，一看到苍蝇，就会拿起书本或者报纸去拍打，刚拍下去，苍蝇就飞快地逃跑啦！它随即在另一个地方停下来“示威”。你再次去拍打，仍旧打不到它。用苍蝇网拍拍打，十有八九就能把苍蝇打死。这是什么道理呢？

原来，有些昆虫的“皮肤”上面长有很多细毛，叫做感觉毛。在它们停留的瞬间，这些感觉毛既能“品尝”脚下佳肴的滋味，又能对周围环境的温度、湿度和气流作出及时的反应。

苍蝇也是在这种感觉毛的帮助下，察觉周围的动静，大显飞翔逃跑本领的。你用书本和报纸去拍打，会产生一种突如其来的气流，苍蝇身上的感觉毛能灵敏地察觉到，很快地溜跑了。

可是，你用带网眼苍蝇拍去拍打就不同了，气流通过小网眼向上跑，使蝇拍下面的气流压力不会突然增大，这就减小了气流对感觉毛的震动。这样，苍蝇来不及逃遁，就被打死了。

苍　蝇

知识链接

苍蝇多以腐败有机物为食，具有舐吮式口器，会污染食物，传播痢疾等疾病。苍蝇的食性取决于其种类，有专门吸吮花蜜和植物汁液的苍蝇，有专门嗜食人、畜血液或动物创口血液和眼、鼻分泌物的苍蝇。而人们常见的家蝇、大头金、丝光绿蝇、丽蝇、麻蝇则属于杂食性蝇类，即广泛摄食各种食品、畜禽分泌物与排泄物、厨房下脚料及垃圾中有机物等。

苍蝇概述

苍蝇的一生要经过卵、幼虫（蛆）、蛹、成虫四个时期，各个时期的形态完全不同。苍蝇多以腐败有机物为食，因此常见于卫生较差的环境。苍蝇具有舐吮式口器，会污染食物，传播痢疾等疾病。

卵　苍蝇的卵呈乳白色，形状呈香蕉形或椭圆形，长约1毫米。卵期的发育时间为8～24小时，与环境温度、湿度有关。

幼虫　幼虫俗称蝇蛆，这个时期畏惧强光，终日隐居于孳生物的避光黑暗处。它具有多食性，形形色色的腐败发酵有机物，都是它的美味佳肴。

蛹　蛹呈桶状即围蛹。其体色由淡变深，最终变为栗褐色，长5～8毫米。蛹壳内不断进行变态，一旦苍蝇的雏形形成，便进入羽化阶段。 从蛹羽化的成蝇，需要经历几个阶段，才能发育成为具有飞翔、采食和繁殖能力的成蝇。

成虫　体长5～8毫米，灰褐色，复眼无

在生物学上，苍蝇属于典型的“完全变态昆虫”。70年代末统计，全世界有双翅目的昆虫132个科12万余种，其中蝇类就有64个科3万4千余种。主要蝇种是家蝇、市蝇、丝光绿蝇、大头金蝇等。

毛，暗红色，雄蝇额宽为眼宽的1/4～2/5；雌蝇额宽几乎等于一侧复眼宽度。

苍蝇具有一次交配可终身产卵的生理特点，具有惊人的繁殖力，一只雌蝇一生可产卵5～6次，每次产卵数约100～150粒，最多可达300粒左右。一年内可繁殖10～12代。

影响苍蝇寿命的因素有温度、湿度、食物和水。雌蝇要比雄蝇活得长，其寿命为30～60天。

苍蝇的嗅觉与味觉

苍蝇是怎样闻味而来的呢？原来，苍蝇头上的一对触角，由许多灵敏的嗅觉感受器组成，每个感受器是一个小腔，里面有成百个神经细胞，能灵敏地对空气中飞散的化学物质作出反应。即使食物离得很远，它也能顺着微乎其微的气味很快地发现。

苍蝇的口器上和腿上都有无数的味觉毛，在食物上舔或踩一下，品尝过味道，就很快知道食物是否适合自己的胃口。苍蝇的味觉细胞各有自己的任务，有一种味觉细胞对发酵过的糖类很敏感，信息传到脑神经，指挥苍蝇去接受美餐；另一种味觉细胞对盐类、酸类等物质很敏感，苍蝇很快会避开。

苍蝇头部特写

苍蝇的危害

苍蝇因携带并传播多种病原微生物而严重危害人类健康。苍蝇的体表多毛，足部抓垫能分泌黏液，喜欢在人或畜的粪尿、痰、呕吐物以及尸体等处爬行觅食，极容易附着大量的病原体，又常在人体、食物、餐具上停留，停落时有搓足和刷身的习性，附着在它身上的病原体很快就会污染食物和餐具。

苍蝇吃东西时，先吐出嗉囊液，将食物溶解才能吸入，而且边吃、边吐、边拉；这样也就把原来吃进消化液中的病原体一起吐了出来，污染它吃过的食物，人再去吃这些食物和使用污染的餐饮具就会得病。

知识链接

巧驱苍蝇五法

1．食醋驱蝇法　在室内喷洒一些纯净的食醋，苍蝇就会避而远之。

2．桔皮驱蝇法　将干桔皮在室内点燃，既可驱逐苍蝇，又能消除室内异味。

3．葱头驱蝇法　在厨房里多放一些切碎的葱、葱头、大蒜等，这些食物有强烈的辛辣和刺激性的气味，可驱逐苍蝇。

4．烧香驱蝇法　人类喜欢香料的气味，但苍蝇却很不喜欢。

蚂蚁为典型的社会性生活的昆虫，具有社会昆虫的3大要素，即同种个体间能相互合作照顾幼体；具明确的劳动分工；在蚁群内至少两个世代重叠，且子代能在一段时间内照顾上一代。

匪夷所思的蚂蚁社会

FEIYISUOSIDEMAYISHEHUI

天生的奴隶主——蓄奴蚁

科学家们发现，生活在南美洲的蓄奴蚁竟然是靠掠夺、蓄养奴隶为生的，它们就像是我们人类社会的奴隶主那样实行王国统治。蓄奴蚁是一种非常强悍的蚂蚁，它们没有兵蚁、工蚁之分，几乎所有的工蚁都变成了兵蚁。这些蓄奴蚁大都懒惰成性，从不进行造巢、抚幼、觅食、清洁工作。看到这里，读者不禁要问，它们是如何生存的呢？

原来，蓄奴蚁都勇猛好战。它们通过发动战争，闯入其他蚂蚁的巢穴，将其他蚂蚁的幼虫和蛹掠夺过来抚养长大，使它们最终成为蓄奴蚁蓄养的“奴隶”。蓄奴蚁懒得去做的如造巢、抚育幼虫、觅食、打扫卫生等种种繁重的工作，都由奴隶蚁去做。由于“奴隶”蚁寿命很短，为了补充“劳动力”，蓄奴蚁就会不断发生战争。

蚂蚁穴巢

知识链接

蚂蚁大战

夏日里，人们常常能看到成群的蚂蚁在一起混战，一直杀得天昏地暗。蚂蚁为什么这样好战呢？原来，不同窝的蚂蚁身上都有一种独特的“窝味”，能分辨出对方是不是“自家人”。如果不是，就有可能厮杀起来。如果其他同窝的蚂蚁看见了，就会立即赶来增援，一场血腥“大战”就这样开场了。有趣的是，如果去掉正在拼杀的蚂蚁身上的“窝味”，它们便会相安无事地走开。如果同窝的一只蚂蚁身上沾上对方身上的味后回到窝中，那么同窝的同伴马上会把它当做异己分子驱赶出去。

一种叫红蚁的蓄奴蚁长期过着“剥削”的生活，它们衣来伸手、饭来张口，懒惰成性，完全丧失了独立生活的能力。这种蓄奴蚁宁愿饿死也不肯自己张口取食，就算食物就在眼前也要“奴隶”蚁侍候着喂食。

吃肉的蚂蚁

蚂蚁虽小，可它们的力量却不可忽略。有人曾在非洲看见一只大老鼠不小心闯进了蚂蚁的阵营，几秒钟之内，这只大老鼠的身上就爬满了黑色的蚂蚁。一会儿工夫，只见地上血淋淋的鼠肉连续不断地被运回蚂蚁巢穴。5小时之后，那只活蹦乱跳的大老鼠就只剩下一副骨头架子了。

在南美洲的热带丛林里，生活着很多

工蚁负责照顾蚁后和幼虫，然后逐渐地开始做挖洞、搜集食物等较复杂的工作，不同种类的蚂蚁工蚁有不同的体型，个头大的头和牙也发展的大，经常负责战斗保卫蚁巢，也叫兵蚁。

种蚂蚁，其中最厉害、最凶猛的当属食肉游蚁了。当食肉游蚁来“拜访”人类住宅以后，屋里的蟑螂、蝎子等害虫就会一扫而光，其效果是杀虫剂也比不了的。

在草丛里，食肉游蚁若碰上了别的动物，它们就会成百上千地聚集起来，群起而攻之。一次，食肉游蚁遇上了一条睡在草丛里的毒蛇，上千个食肉蚁立即把毒蛇团团围住，并逐渐缩小包围圈。然后一拥而上，它们狠狠地咬住毒蛇。蛇受痛惊醒过来后，会凶狠地向四周冲撞，可是食肉游蚁并不放松，游蚁们同毒蛇扭成一团，边咬边吞食着蛇肉。就这样，只需几小时，地下就只剩下一条细长的蛇骨架了。

蚂蚁在取食一条死蛇

蚂蚁的气息语言

蚂蚁非常聪明，其自身有一种化学信息素会在蚁群的集体行动中发挥出神奇的作用。搬运食物时，它们会散发出气味，形成一条“气味走廊”。它们还能发出警戒激素，接收到这种警戒激素的蚁群就会做好防卫或逃离的准备。

有一次，几只蚂蚁一起抬出了一只强壮的蚂蚁。这只蚂蚁一次一次地爬回到蚁巢里，但很快又被蚁群一次一次地抬出洞外。这是怎么回事呢？原来，那只蚂蚁身上沾上了死蚂蚁的气味，回巢后，引起了蚁群的误会，蚂蚁可不允许洞内有“死亡气味”，也不管你是死是活。于是，众蚂蚁把它当做死尸抬出洞外，不管它如何挣扎，直到它身上的那种气味完全消失了，才被允许回巢。

蚂蚁牧养的“奶牛养殖场”

人们还发现了一个有趣的现象，蚂蚁经常会跟在蚜虫后面。经过研究后才知道，蚜虫在蚂蚁触角的按摩下，会分泌出“乳汁”。担任“运输工”的蚂蚁就会从伙伴手中接过乳汁，运回巢中。在蚂蚁的按摩下，有些蚜虫能不断分泌蜜滴。例如，一只椴树蚜虫能分泌2毫克的蜜汁，超过自身体重的好几倍。

为了保证蚜虫的生活，蚂蚁会不惜花费大力气来修建“牧场”。在聚集大量蚜虫的枝条的两端，它们用黏土垒成土坝，形成一个牧场，土坝上开的两道缺口就是牧场的“入口”和“出口”。当“牧场”的蚜虫繁殖过多时，蚂蚁就会把多余的蚜虫转移到新的地方。

令人费解的是，没有蚂蚁的地方绝对找不到蚜虫。蚂蚁甚至会把蚜虫的越冬卵也保存在蚁穴里，像照顾自己的孩子一样照顾着虫卵。春天到来后，蚂蚁会把从卵中孵化出的小蚜虫小心翼翼地护送到幼嫩的树梢上。

值得一提的是，一只被摘头的蟑螂可以存活9天，9天后死亡的原因则是过度饥饿。如果有一天发生了全球核大战，所有生物都会消失，只有蟑螂会继续存活！因为蟑螂几乎不怕核辐射。

怎样对付蟑螂

ZENYANGDUIFUZHANGLANG

讨厌的蟑螂

蟑螂是昼伏夜出的家庭害虫。白天蟑螂大多隐藏在厨房的角落，碗橱的缝隙中，夜间四处活动找食物。蟑螂几乎什么都吃，香的、臭的、硬的、软的。有时候它还会去啃书脊里面的浆糊，把书咬破；钻进电视机、收音机里，把电线包皮咬坏；甚至能咬伤婴儿的皮肤和手指。它还吃粪便、痰液和小动物的尸体。它边吃边排粪，身上弄得很脏，粘带病菌，污染食物，传播各种疾病，比如伤寒、痢疾、结核和急性肝炎等疾病。

无处不在的蟑螂

蟑螂是一种很古老的昆虫，石炭纪时代的蟑螂化石，相貌同今天的蟑螂几乎没有什么差别。石炭纪以后，许多昆虫由于不能适应环境的变迁，相继被淘汰了，蟑螂却能顽强地生存下来，成了活化石。可见它生命力是多么的顽强。

现在，蟑螂的足迹几乎遍布家家户户，并且已经扩展到大饭店和宾馆里。连远洋轮船也成了蟑螂的“自由天地”，白天，它们就大模大样地在甲板上、墙壁上爬行，旁若无人。

蟑　螂

知识链接

蟑螂，体扁平，黑褐色，头小，能活动。它的触角长丝状，复眼发达，翅平，前翅为革质、后翅为膜质，前后翅基本等大，覆盖于腹部背面，有的种类无翅。蟑螂不善飞，能疾走，不完全变态，产卵于卵鞘内。全世界约有6000种，主要分布在热带、亚热带地区，生活在野外或室内。

美洲蟑螂是蟑螂里面族群最大也最常见的种类，在美国和热带地区，美洲蟑螂是普遍常见的生物，甚至在全球各地也能发现它的踪影。美洲蟑螂的成虫平均可身长4厘米左右，它们全身红褐色，并在头部和身体之间隔着一条略黄色的边缘。这种虫具迅速移动的能力，可穿梭自如地钻入小的裂缝中，它们被认为是跑的最快的昆虫种类之一。地下室、可供爬行的空间、门廊地板的裂缝以及大楼外的走道，都能轻易见到它们的踪迹。

难以对付的蟑螂

你想打死蟑螂，还不太容易呢。夜间，你轻手轻脚地走进厨房，突然开亮电灯，看见蟑螂惊惶失措的样儿，转瞬间就溜到黑暗的角落里去了。为什么蟑螂的行动这样敏捷呢？这跟它身体的构造有密切关系。

蟑螂的身体扁平带有油状光泽，腹部

蟑螂是这个星球上最古老的昆虫之一，曾与恐龙生活在同一时代。根据化石证据显示，原始蟑螂约在4亿年前的志留纪时期出现于地球上，亿万年来它的外貌并没多大的变化，但生命力和适应力却越来越顽强，广泛分布在世界各个角落。

的背板有分泌腺的开口，分泌出的液体有恶臭味。它三角形的头上，长有两只小单眼和一对大复眼。两个上颚呈扇形，交迭象把剪刀，齿间有瘤节突起，碾碎硬物时仿佛虎钳一样。

嘴边有四条触须和许多短毛。触须是它采集食物的工具，短毛是味觉和嗅觉器官，上面有感觉神经，有觅食或避开毒饵的作用。腿关节上的神经末梢感觉非常灵敏，对轻微的震动也能觉察，所以蟑螂能觉察到最轻的脚步声也就不奇怪了。尾部末端的尾须是复杂的震动感受器，它能感知外界刺激从什么方向来，使它能够迅速逃走。

对付蟑螂的办法

怎样对付蟑螂呢？人们创造了一些诱捕蟑螂的方法。

1. 利用蟑螂爱吃香甜食物的习性，用一只小口径长颈玻璃瓶，瓶内放些香甜食物，瓶口涂上芝麻油，蟑螂进入瓶内，因为瓶壁很滑，爬出来就困难了。

2. 利用蟑螂爱钻缝隙的习性，用一个纸盒，盖上开有一些缝隙，盒内涂上粘胶，撒些新鲜面包屑，让蟑螂钻进去偷吃而被粘住。

3. 利用蟑螂喜欢在硬物上刮去背部污垢的习性，在房间角落撒些硬而带锐利棱角的硅藻土，蟑螂到那里去擦刮身体的时候，表面的那层蜡油会擦掉过多，结果，蟑螂体内的水分大量散失，脱水而死。

4. 还可以用干扰蟑螂对外界震动感受的方法去扑灭它。比如一见到蟑螂，立即用嘴发出“嘘”的声音，然后迅速去拍打，就比较容易把它打死。

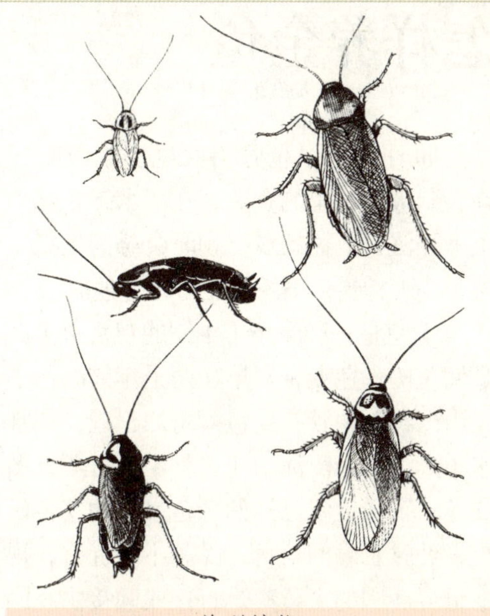

美洲蟑螂

5. 用化学药物对付蟑螂。在蟑螂栖息和活动的场所，喷洒千分之五的敌敌畏，或万分之三的溴氰菊酯、硼酸粉等，或者放几片蟑螂片，就能杀死蟑螂。

6. 用蟑螂的天敌来对付蟑螂。2010年，日本国立遗传学研究所的科学家发现蟾蜍（俗名癞蛤蟆）是蟑螂的天敌。当时这个研究所的小动物饲养房里，蟑螂一度泛滥成灾，人们束手无策。后来，饲养房里放养了一些蟾蜍，不久蟑螂便销声匿迹了。经过解剖发现，蟾蜍胃里大多是蟑螂的残体。

7. 使用诱捕剂。美国堪萨斯州的一位科学家研制了一种诱杀雄蟑螂的性味捕捉装置，主要是一种带有气味的有毒粘性纸。这气味同雌蟑螂分泌出来的性外激素的气味完全一样，能把雄蟑螂引诱到粘性捕捉纸上面毒死。

金鱼起源于我国，在人类文明史上，中国金鱼已陪伴着人类生活了十几个世纪，是世界观赏鱼史上最早的品种。在一代代金鱼养殖者的努力下，中国金鱼至今仍向世人演绎着动静之间美的传奇。

怎样养金鱼

ZENYANGYANGJINYU

也许你家里也养着几尾小金鱼吧！你看到玻璃缸里的金鱼，在清水绿草丛中上下浮沉，追逐嬉戏，顿时会感到生机盎然，心旷神怡，增添了生活的情趣。

金鱼是一种原产于中国的观赏鱼类，是鲫鱼的彩色变种。早在两千年前的古书《山海经》中就有红色鲫鱼的记载，“睢水出焉，东南流注于江，其中多丹粟，多文鱼。”12世纪已开始金鱼家化的遗传研究，经过长时间培育，品种不断优化，现在世界各国的金鱼都是直接或间接由我国引种的。金鱼在国人心中很早就奠定了其“国鱼”之尊贵身份。

金鱼不难养

初养小金鱼的时候，往往连养好几次，老是养不好，成批地死去。人们认为小金鱼很难养。其实，小金鱼并不难养。注意选好鱼苗，经常保持水的洁净，掌握好水的温度，采用合适的饲料和适当的阳光照射等措施，是完全可以把金鱼养好的。

美丽的金鱼

选鱼苗

怎样选好金鱼苗呢？最好在梅雨季节前两三个月到市场选购，挑选那些体壮色艳、两眼对称、尾大鳞全、舒展灵活的和成群地贴近底层活动的鱼苗。把买回来的金鱼苗养在口大底小的鱼缸中，放养密度要适当。这时候，就得让它经常晒太阳，注意时间不宜过长。

注意换水

养好金鱼的关键是水。小金鱼经常死于换水不慎。最好用湖水和河水，如果用自来水养鱼，使用前先在阳光下暴晒两三天，让水里的氯气跑掉；如果用井水养，也要盛放两天后才能使用。换水的时候要注意水温冷热相宜，还要留下一部分旧水，因为小金鱼苗体弱幼小，水温变化过大，不利生长。

养金鱼最好的水温是22~24摄氏度。换水的间隔期，春季，五到七天；夏季，两三天即可。

喂食要科学

给小金鱼喂食，最好用活鱼虫，但切忌喂得太多，吃多了会被胀死。吃剩下的

民间早就有“养鱼先养水”的经验之谈，这说明水质的好坏是会直接影响金鱼正常的生长发育。换水的目的也就在于清除水中污物，保持水的清洁，增加水中氧气，从而刺激金鱼的生长发育。

鱼虫，死在水里，会引起水质变坏，促使小金鱼死亡。

养金鱼还要注意季节的变化。春天是金鱼繁殖的时期，应该少换水，及时吸掉水里的脏东西，多晒太阳。夏秋两季金鱼体壮活泼，食量显著增加，这时候要常换水，适当多喂些。冬天，金鱼进入半休眠状态，活动和食量都减少了，就要少换水，少喂食，多晒太阳，注意保暖。

注意防病

小金鱼在黄梅天很容易死去，外界的因素比如气压低、闷热，固然对金鱼有一定的影响，但是更重要的还在于小金鱼是否是良种。黄梅季前从市场买来的金鱼

饲养在水池中的金鱼群正在游动

价格低廉，但品种相对较差。由于春季阳光不足，小金鱼天寒少动，疾病早潜伏了，一到黄梅天，就会因呼吸困难，发病死亡。如果发现小金鱼有病，立即把它隔离；看到小金鱼精神不振，就要用百分之五的苏打水或淡盐水，给它洗个澡，大约洗十分钟可有效防病。

瞧见小金鱼大多浮出水面呼吸，久久不下沉，这是水质污浊、缺氧的征兆，要立即换水，否则金鱼会有死亡的危险。

最好在鱼缸里放些绿藻或水草、底石，既能点缀美化鱼缸，绿色植物又能在阳光下进行光合作用，放出新鲜的氧气溶在水里。金鱼的粪便里有氨，虽然能污染水质，但是底石上生活的细菌可以把氨变成硝酸盐和亚硝酸盐，再被绿藻吸收，变成蛋白质供绿藻生长。金鱼和绿藻通过底石上的细菌形成奇妙的共生关系。

知识链接

金鱼的历史

相传，晋代有个叫桓冲的人，游庐山时发现湖中有一种赤鳞鱼——红鲫鱼，这是我国最早的金鱼了。唐代，唐肃宗相信在元旦放生是一种善行，于是下旨在各大庙宇内建造鱼池，要各家各户把金鱼放生。

唐代的金鱼图案的佩带物成了当时地位高贵的象征，“玉带悬金鱼”，“犀带金鱼束紫袍”，说的都是官阶的显赫身份。

南宋的时候，金鱼开始家庭池养，培育出银白、花斑等良种金鱼。16世纪以后，经过人工选择，遗传和变异，把变异的后代继续挑选杂交，一代代传下去，使金鱼的体态发生了根本的变化。

明代，金鱼传到日本，又传到欧洲和美国。现在，我国每年出口的金鱼位居世界之首，金鱼已成为世界珍贵的观赏鱼种。外国人对美丽的金鱼发出了惊叹，赞美说：这是“东方的圣鱼”、“中国的福星”。

公鸡为什么会打鸣

GONGJIWEISHENMEHUIDAMING

公鸡打鸣，母鸡下蛋，这是再平常不过的事了。每当清晨之际，公鸡的叫声可谓是一个赛一个，好像它们遇着了什么天大的喜事。可您哪儿知道，公鸡打鸣的事，咱们看着司空见惯，可是对于公鸡，绝对是个难言之隐，这与它们可怜的视力有关。

公鸡清晨为何打鸣

鸡的眼睛表面看起来挺有神，不过，它们的视力却是有缺陷的。这种现象在公鸡的身上也同样存在。晚上鸡一般都会在鸡窝里睡觉，如果你乘着黑夜去抓它们，它们很少反抗，即使是拿手电照着它们，它们也不知道躲藏。也许有的人会说，鸡的这种反应也许是因为长期被家养造成的，那么野生的麻雀在同样情况下会有什么反应呢？麻雀的反应，和鸡几乎没有什么差别。

为什么一到夜晚它们就什么也看不见了呢？

原来，动物的眼睛能看到东西，主要是依靠视网膜上的许多感觉细胞，将光信号变成电信号，再由视神经传递到大脑。在这些感觉细胞中，有的需要较强光来刺激才能兴奋，这种细胞叫圆锥细胞；有的则在较弱光线下就可以起作用，叫圆柱细胞。就鸡和麻雀来说，它们眼睛里的视网膜上，只有圆锥细胞，没有或很少有圆柱细胞。因为缺乏圆柱细胞，鸡在夜晚的视力当然就很差，所以它们会很自觉地在天黑之前找一个避风的安全的地方来休息，有些鸡甚至会飞到树上去过夜。就因为它们在晚上什么也看不见，即使有一道强光射来，它们的眼前也不过是白茫茫的一片，这种现象俗称为“雀盲眼”。

到了清晨，公鸡的眼睛又能够看得到东西了，为了表达它这时兴奋的心情，就高兴地打起鸣来。由此可见，公鸡早晨打鸣的第一个原因，是欢呼恐怖的夜晚过去了，这也是公鸡对于光刺激的一种本能反应。

知识链接

“雀盲眼”就是暗适应障碍，其主要病变发生在视网膜的杆细胞上。不管什么原因使杆细胞不能发挥暗适应的作用时，即有发生夜盲症的可能。出现“麻雀眼”的主要原因是营养障碍，即维生素A缺乏症。由于杆细胞的感光物质主要为视紫质，该物质在暗光处由维生素A与视蛋白合成，遇光后则分解为视黄醛和视蛋白质，光线暗时又合成视紫质。所以，当维生素A缺乏时，合成的视紫质减少就会出现暗适应障碍。

决定啼鸣的松果腺

或许，有同学会问为什么只有公鸡打鸣，母鸡为什么不能打鸣呢？

把一组雄鸡关进一间灯光如昼的房间，又把另一组雄鸡关进漆黑的房间，然后分别调节房间的光线，每当调节到拂晓的光影，雄鸡便引颈长鸣，这说明鸡啼和光线的强弱有关。

鸟类的发声器官为鸣管，鸣管内外侧的管壁是鸣膜，鸣管外侧附着鸣肌，二者的震动和收缩使鸟类发声，喉门的软骨可调节声调。公鸡和母鸡的鸣管并无明显差异，打鸣主要与激素、内分泌的调节有关。

眼睛对光线的感觉，反映在叫声上，这可以说是一种意义的条件反射吧。不过，科学家通过实验还发现，鸡的感光器官其实并不是眼睛，而是一种叫做松果腺的激素。即使是关在黑暗的房间中的鸡，到了每天该打鸣的时候，也是会打鸣的。曾经有科学家做过实验，把鸡的眼睛完全切除掉，让它无法感光，鸡在拂晓时仍然会啼鸣，只有切除了鸡头部中的一种内分泌腺——松果腺，那雄鸡才不再按时啼鸣。科研人员取出鸡头中的松果腺，加以培养，再用强弱不同的自然光照射这些腺体细胞，发现腺细胞内的生化物质和细胞膜内外的电位，都随着昼夜光线的强弱发生周期性的变化。以雄鸡报晓时的光度照射松果腺，松果腺分泌的激素最少，而以其他光度照射，特别是黑暗放大时，所分泌的激素比较多。这种激素与啼鸣有关，称为抑鸣激素。由于母鸡体内缺少雄性激素的刺激，因而是不会打鸣的。如果给母鸡注射雄性激素，母鸡也会开始打鸣的。

公鸡打鸣的规律

经过很长时间的进化，早上打鸣已成为公鸡的一种习性，不过你知道鸡每天早晨的打鸣有什么规律吗？

公鸡的生物钟现象，一直被人用来当作天然的钟表来使用。即使是到了今天，闹钟已经十分普遍了，在一些乡村里，人们仍然习惯于在听到鸡叫数遍之后，开始起床下地、上学或者进行晨练。

鸡不是一种高智商的动物，有时候一些鸡的生物钟也会发生错乱，因而才有一

正在打鸣的公鸡

些鸡会在半夜啼叫，从而引起其它鸡的跟随，其实，这跟鸡的另外一些生活习性有关。公鸡并不仅在黎明时分才打鸣，还有其它一些原因也会让它鸣叫。

在散养的条件下，一般鸡群的统领都只会有一只公鸡，它们的领地意识很强，经常会通过打鸣来告诫其它的公鸡，不要到它的领地来。因而只要有一只鸡鸣叫，其它的鸡也会不甘落后地叫起来。如果对方没有被鸣叫吓唬住，接下来就会发生一场激动人心的战斗，铁嘴钢爪齐上阵，直打得尘土飞扬，毛羽散落，血肉横飞。

至于在鸡群内，不同的鸡也是有不同的地位的，领头的公鸡，也经常通过啼鸣，来显示自己的地位。公鸡还通过打鸣来引起母鸡的注意，来提醒母鸡，这里有一个健壮的“美男子”，千万不要到别的地方去。

动物常以身体的颜色做伪装，典型的伪装使动物和周围环境浑然一体。不过也有例外，有些动物模仿其他动物，结果可能更受注意，通常这样的模仿是为了阻吓对方，进而保护自己。

善于伪装的动物

SHANYUWEIZHUANGDEDONGWU

在打仗的时候，士兵以伪装来掩护自己，不让敌人发现。动物伪装则是为了躲避天敌或蒙骗猎物，或两效兼收。对人类而言，伪装是后天学习得来的技巧，而动物则是天生的自卫本领，经过千万年演化，已成为它们身体及行为的一部分。

动物幼仔身上的斑点

新孵出的幼雏不能飞，有些刚生下来的哺乳动物甚至站不起来。虽然幼小动物一般都逃不过天敌追捕，但很多种动物的幼儿伪装得极好，天敌根本看不见它们。例如幼鹿棕色的身体满布白点，幼狮身上也有斑点。

斑　马

知识链接

动物的保护色

是指某些动物具有同它的生活环境中的背景相似的颜色，这有利于躲避捕食性动物的视线而得到保护自己的效果。有许多还随环境颜色的改变而变换身体的颜色。有些昆虫既具有同背景相似的保护色，又具有同背景成鲜明对照的警戒色。

深色的背部和白色的腹部是针类天生的保护色

斑点和斑纹都可使动物本身的轮廓变得模糊。但动物如果站起来或动起来，行踪便会显露。幼鹿蹲伏时很难觉察其踪迹，所以伪装不仅与外表有关，对动物的举动也有一定的保护作用。

鱼的保护色

鲭鱼、条纹石鱼、鲑鱼等鱼类的背部都是深色的，腹部颜色则浅。鹗、鹈鹕等专吃鱼的鸟类从天空中往下看，就只见鱼和水成为浑然一体的深蓝色，难以分辨。从水下往上看，白色的鱼腹与阳光照射的水面相映，似乎消失了。这种颜色作用称为明暗补偿。许多种鸟也有这种明暗补偿，道理也是一样的。

变色龙靠变化身体的颜色来自保。变色龙变色取决于皮肤的三层色素细胞，与其他爬行类动物不同的是，变色龙能够变换体色完全取决于皮肤表层内的色素细胞，在这些色素细胞中充满着不同颜色的色素。

知识链接

斑马是一类常见于非洲的马科动物，因身上有起保护作用的斑纹而得名。除了斑纹之外，斑马还有立起的鬃毛。现存的斑马有三种，分别为平原斑马、细纹斑马及山斑马。

鱼类几乎栖居于地球上所有的水生环境——从淡水的湖泊、河流到咸水的大海和大洋。根据一位加拿大学者的统计，目前全球已命名的鱼种应在26000种以上。

老虎的颜色

动物园的老虎当然是最受瞩目的，在自然环境里老虎可没那么显眼。虎大半时间生活在干枯的高草叶或芦苇丛中，黄褐色皮加上深色条纹，和周围植物浑然一体，有利于它们猎食。

不起眼的麻雀

麻雀身形矮胖，羽毛呈棕色，上有斑纹，属鹭科，在沼泽地栖息。麻雀一发觉有危险，即木然不动，身子拉长伸直，尖喙朝天。风吹过时它会和身旁的芦苇一起摇摆。

斑马的黑白条纹

斑马在开阔的平原上生活，身上斑纹似乎不仅没有掩护作用，反而会更加突出。这说法不大可信，因为果真如此，就会危害斑马的生存，所以动物学家试图找出其他合理解释。一种说法是斑马的斑纹在狮子或别的猛兽眼中，会造成混乱形象，令它们眼花缭乱。另一种说法是天刚亮或黄昏时，斑马的天敌最活跃，斑马的黑白斑纹看来会混成一片灰色，与暗淡光线正好配合。

四眼蝴蝶鱼的大眼

在加勒比海和其他热带水域中，有种鱼，叫作四眼蝴蝶鱼，在靠近尾巴两侧的地方，各长了一个显眼的大斑点。斑点中央黑色，有浅色圆圈围着，好像一双大眼睛。科学家相信这眼状斑点是用来扰乱和吓唬天敌的。

美丽的蝴蝶也“吓人”

昆虫也具这种诈敌本领。有些蝴蝶不但有非常夺目的眼状斑点，而且每一翅膀后方都长有凸出的部分，看上去酷似蝴蝶的头、触须和脚。这些眼状斑点有时会起阻吓作用。

雀鸟飞近时，蝴蝶会突然张开翅膀，露出一副凶狠“面孔”吓退天敌。有些毛虫也会利用身上的眼状斑点吓走雀鸟。

美丽的蝴蝶

狗眼和人眼不同。人眼能识别各种色彩，狗只能分辨深浅不同的蓝、靛和紫色。红色对狗来说是暗色，而绿色对狗来说则是白色，所以绿色草坪在狗看来是一片白色的草地。

会预测地震的狗

HUIYVCHEDIZHENDEGOU

狗起源于狼，这在目前已经得到了共识，但围绕着具体的发源地和时间则是众说纷纭。到目前为止，最早的狗化石证据是来自于德国1.4万年前的一个下颌骨化石，另外一个是来源于中东大约1.2万年前的一个小型犬科动物骨架化石，这些考古学证据支持狗是起源于西南亚或欧洲。而另一方面，狗的骨骼学鉴定特征提示狗可能起源于狼，由此提出了狗的东亚起源说。

灵敏的嗅觉

在动物界中，狗的鼻子是最灵敏的，它能闻出上千在种物质的气味。军犬凭嗅觉就能识别路途；判断敌情方面，它机灵地闻出敌人的足迹，从而跟踪追击。猎犬闻到野兽气味时，会屏住呼吸停下来，用鼻子判断野兽所在的地方，协助猎人捕获。苏联有种狼狗，能帮助人找到泥土里的矿石；瑞典科学家训练和使用探矿狗，成功地找到地下十多米深处的黄铜矿。

可爱的狗

狗鼻子为什么这样灵敏呢？原来，狗的鼻腔粘膜上面长有许多嗅觉细胞，比如一种牧羊犬的鼻粘膜 上竟有2.2亿个嗅觉细胞，在鼻腔里占的面积达150平方厘米，而人的嗅觉细胞只有500万个，因此狗的嗅觉比人灵敏得多。狗鼻腔里的粘膜和鼻子尖端表面的粘膜组织，经常分泌粘液来滋润嗅觉细胞，它才能够把各种气味通过嗅神经传到大脑。否则，狗鼻子就会失灵。

狗能预报地质

1976年夏天，唐山地震以前，在唐山、丰南、香河等地至少发生了十几起类似事件：狗向天狂吠乱叫，不听主人指挥； 嗅地扒坑，嗅地不抬头；叼走狗崽，挠门撞窗等等。有个农民家的狗，当晚狂吠不止，影响主人睡觉，主人把狗打跑，刚睡下，狗又来乱吠。他再起床打狗，边追边打，刚出大门，地震发生了，主人得救了。

地震前，空气中会产生一种带电粒子，狗的嗅觉很灵敏，容易觉察这种变化。在地下的化学元素也会发生变化，产生一种“地气味”，狗闻到这种特殊气味以后，也会产生行为的异常反应。其他动物，比如鱼、蛇、鼠、家禽等等也能够产生一些异常行为。人们就可以利用这种现象作为震前的预报手段，以便采取必要的

防范措施。

狗的习性

1. 狗是肉食性动物，需多喂食动物蛋白和脂肪。

2. 狗喜欢啃咬骨头，主要是来磨牙用的。

3. 炎热的夏季，狗张嘴垂舌，急喘扇风，让舌头蒸发水分散热。

4. 狗在卧下时，总是在周围转一转，确定无危险后，才会安心卧下。

5. 狗的颈部、背部喜欢被人爱抚。尽量不要摸狗的头顶、屁股和尾巴。

6. 狗对陌生人具有高度敏感，如果以下蹲的姿势来对待它，它便会接受你。

7. 狗决不攻击倒下露出肚子的对手。狗将肚子朝天躺着时表示它很放心。

8. 狗喜欢人甚于喜欢同类，主要原因是狗跟人为伴，建立了感情。

9. 狗对自己的主人有强烈的保护心。

知识链接

狗尾巴的功能

狗尾巴的动作是狗的一种“语言”。一般在兴奋或见到主人高兴时，狗就会摇头摆尾，尾巴不仅左右摇摆，还会不断旋动。尾巴翘起，表示喜悦；尾巴下垂，意味危险；尾巴不动，显示不安；尾巴夹起，说明害怕；迅速水平地摇动尾巴，象征着友好。狗尾巴的动作还与主人的音调有关。如果主人用亲切的声音对它说，它也会摇摆尾巴表示高兴；反之，如果主人用严厉的声音说话，它仍然会夹起尾巴表现不愉快。这就是说，对于狗来说，人们说话的声音仅是声源，是音响信号，而不是语言。

和人亲近的狗

10. 狗具有领地习性，自己占有一定领地范围，不让其它动物侵入。

11. 狗的嫉妒心非常强，当你把注意力放在新来的狗身上，它就会愤怒。

12. 狗有虚荣心，喜欢人们称赞表扬它。拍手赞美它、抚摸它，它就会开心。

13. 狗对于曾经和它有过亲密相处的人，永远不会忘记他的声音。

14. 狗喜欢嗅闻任何东西，比如食物、毒物、粪便、尿液等等。

15. 狗生病时会躲在阴暗处慢慢康复或等死，这是一种“返祖现象”。

16. 狗最不喜欢酒精，一旦嗅到了酒味，毛发马上直立并咆哮不安。

17. 狗和狼一样怕火，因此凡是冒烟的东西，它都不喜欢。

18. 狗喜欢和人或其它动物一起生活，害怕孤独，所以尽量不要让其独处。

19. 坚决不可给狗吃热性食物，比如洋葱、韭菜、大蒜等。因为狗的身体是热性很强的动物。热上加热，会使狗狂躁、生病。

广义的“花卉”指的是凡是花、茎、叶、果或根在形态或色彩上具有观赏价值的植物。因此广义的花卉包括草本、乔木、灌木、藤本以及地被植物等。

花虽好但需用心栽

HUASUIHAODANXUYONGXINZAI

种花也是一门艺术，只要摸索出一些花卉的特性，探求到一些培育经验，细心护理，就能收到花繁叶茂的效果。

选购花盆

购买花盆时要选那种表面细腻、略带光泽、声音清脆的瓦盆。种一般花卉，选用口径比盆高大半倍的普通盆；播种、扦插花卉，选用小浅瓦盆；种植根系发达的花卉，要用深盆。釉陶盆、紫砂盆、彩瓷盆，虽然雅致古朴，但通渗性能差，一般不适用，多用做套盆。

盆栽每年要换盆。因为，花盆一般较小，营养面积有限，花盆中的花草长了一年以后，根系生长得很快，盆土中的腐殖质和微量元素等营养成分大多被植物吸收尽了，需要更换花盆来及时补充养分。

牡丹是一种名贵的观赏植物，原产于中国西部秦岭和大巴山一带山区，一直被人们当做富贵吉祥、繁荣兴旺的象征。

知识链接

家庭养花的好肥料

淘米水、刷奶瓶水、剩茶水和草木灰，都含有一定的氮、磷、钾成分，有促进花卉根系发达、枝芽分化、枯株健壮的功能。药渣也是一种养分较多的花肥，把它浸泡沤制成腐熟的肥水，或把它拌进盆土表面，也是一种很好的肥料。

浇水的学问

浇水是养花的一种基本功。浇水要做到适时适量，不干不浇，浇要湿透。

花草的习性不同，生长的季节也在更替，浇水要根据季节来变化。春、夏、秋三季，多数花草处在生长或开花的时候，需要的水分就多些，水要浇透浇足，不要只浇湿盆的一半。

巧施肥

如果要花草长得好，还要巧施肥，因为“肥是花木粮”。施肥也要适量，喜阳的花卉可以多施一点，而耐阴的花卉要少施一些；要沿盆边缘施用，不要“当头淋”；肥分过高，要“烧”坏花草；肥少了，又长不好。施肥要适时：春夏间隔半个月就可施一次肥，炎夏时停止施肥，秋凉稍施薄肥，冬季则施基肥。液体肥料最好在下午四点以后、盆土稍干的时候施用。

自己动手——获知有趣的科学

ZIJIDONGSHOU-HUOZHIYOUQUDEKEXUE

生物和我们的日常生活密不可分，随处可见。本章选取了部分与生活紧密相关的知识点，着重向读者朋友们介绍有关植物、真菌、动物和人体的知识。并且每个知识点都配以相关的简单小实验，让我们在自己动手的过程中掌握科学知识。

渗透现象，将溶液和水置于U型管中，在管中间安置一个半透膜，隔开水和溶液，水通过半透膜往溶液一端跑，这种现象称为渗透现象。

是什么改变了食物的软硬度

SHISHENMEGAIBIANLESHIWUDERUANYINGDU

同学们先来做一个小实验，首先准备一些食盐，一粒马铃薯，一只量杯（250毫升），一把茶匙（5毫升），两只小碗。将3茶匙的食盐和1量杯的水混合，再把混合后的盐水倒在一只小碗里，往另一只小碗里倒一些清水。将马铃薯切成6毫米厚的薄片，接下来，我们把马铃薯片的一半泡在盛清水的小碗里，另一半泡在盛盐水的小碗里。

15分钟以后，用手将两只小碗里的马铃薯片都夹起来。试着将马铃薯片弯曲，比较一下两只碗里的马铃薯片的硬度和弹性有什么不同。结果我们发现，泡在清水里的马铃薯片很硬，不容易弯曲；而泡在盐水里的马铃薯片却很软，很容易弯曲。这一现象在生物学上称之为渗透现象。

揭秘渗透过程的影响因素

其实，有两个重要因素影响渗透过程：一是细胞里的水量和溶解物质的含量；二是细胞外的水量和溶解物质的含量。水分子总是通过细胞膜，向溶液浓度大（溶解物质更多，水分更少）的一侧移动。在这个实验中，盐就是溶解物质。

泡在汤水中的食物

马铃薯里含有丰富的水和盐。泡在清水里的马铃薯片，由于马铃薯片里的盐的含量大于清水，所以碗里的水分会通过马铃薯的细胞膜向里渗透，马铃薯细胞里的水量变多，马铃薯片就会变硬，不容易弯曲。

在盛盐水的碗里，由于盐水里盐的含量大，所以马铃薯片细胞里的水分就会透过细胞膜进入盐水里，马铃薯细胞里的水量变少，马铃薯片就会变软，很

知识链接

蔬菜瓜果保鲜应注意：

1. 最好套上保鲜袋或保鲜膜后再放进冰箱。因为如果没有包装袋，蒸发出来的水分会不断被冰箱的蒸发器吸收，加速结霜。周而复始，不但使果蔬变得越来越干，还导致冰箱过度结霜，影响其使用寿命。

2. 放入冰箱前不要洗。果蔬清洗后会有大量水分，果蔬“呼吸”会产生二氧化碳，如果再密封起来，透气性变差，会加速食物变质。

3. 根据果蔬性质而定。果蔬自身保鲜度不同，绿叶菜在高温天气里很容易打蔫，要让它保鲜，可在外面套个保鲜袋，马上放进冰箱，温度控制在0~4摄氏度之间。新鲜采摘的桃、苹果，最好先在室温下放半天到一天，再用牛皮纸包起来，或裹上保鲜膜放进冰箱，以免影响口感。

膨压，当水进入植物细胞后，使细胞产生向外施加在细胞壁上的压力，称为膨压。膨压提供植物细胞的支持力，使植物能维持形状。由于草本植物缺少木本植物所拥有的坚硬木质素，故其支持力依赖膨压。

容易弯曲。

葡萄干变胖

放在水里的葡萄干经过一段时间后会变“胖”，这也是一种渗透现象。同学们可以试验一下。将葡萄干放进装有清水的玻璃杯中，静置一个晚上，然后观察杯中的葡萄干。我们就会发现玻璃杯里的葡萄干膨胀变软，并且外皮变得光滑。

在这个试验中，水分子通过细胞膜从溶液浓度小的一侧向溶液浓度大的一侧移动。晒干的葡萄干里水分很少，所以它的溶液浓度大，因此杯子里的水就会穿过葡萄干的细胞膜进入葡萄干的细胞中。当葡萄干的细胞中充满了水分时，葡萄干就会膨胀变软，外皮变得光滑。

膨压变化使蔬菜的茎发生软硬变化

另外，生活中我们还会常见到这一现象：把芹菜茎的下端薄薄地削去一层，然后放在水中，水就会沿着木质部进入芹菜的茎部。木质部的导管贯穿整个芹菜中。

农田里枯萎的蔬菜

杯子中的水分就会通过导管进入芹菜茎的细胞里。当你轻轻地将枯黄的植物弄弯时，它通常能恢复到新鲜时的硬挺状态。

芹 菜

这是因为通常植物细胞里是充满水分的，这些水分能使细胞变硬并使细胞紧密相连，所以植物就能变得硬挺。当植物里的水分逐渐蒸发时，它就会像个漏了气的气球一样，变得软绵绵的，细胞因缺水而萎缩，就会使植物的茎叶低垂。

植物细胞里的水所产生的压力称为膨压。膨压的存在，可以维持叶片、花及茎固有的挺立姿态。细胞内饱含水分时，膨压升高，细胞膜紧绷；细胞失去水分时，膨压降低，细胞的体积收缩。

当含羞草遭外力触摸时，叶子会快速收拢。这种情形就是植物的膨压运动效果。活的植物会把水分吸进体内，每平方英寸（6.5平方厘米）会产生27~68千克的压力。在雨季时，由于细胞里的水分充沛，植物体内的膨压会变得相当大，会使水果、蔬菜裂开。植物生长时所产生的膨压有时甚至能使植物穿过混凝土，将岩石移开。

植物制作的茎杆吸管，主要是截取中空植物的茎杆为吸管。用麦秸制作的吸管使用后，在自然环境中经过一定的时间就会腐烂分解，并且可使土壤肥沃。

可以当吸管的茎干

KEYIDANGXIGUANDEJINGGAN

或许有些同学有过这样的经历，在农忙季节，收割麦子的时候，你顺手掐掉一根麦秆，拿它来吸食冰冻的饮料。原来，植物的茎干也可以当做天然的吸管。下面我们就一起动手做一个小实验，看看植物的叶、茎是如何用来做吸管的。

秸秆可当吸管实验

实验前，同学们先准备一只窄口玻璃瓶，一枝麦秸秆（带叶和茎），一块橡皮泥，一根吸管，一支铅笔，一面镜子。

接下来，将玻璃瓶装一些水，使水面离瓶口2.5厘米。将麦秸秆靠近叶片部分的茎用橡皮泥包起来，把麦秸秆的茎插入瓶子里，茎的底部必须泡在水面下。然后，用粘在茎上的橡皮泥将瓶口封住，用铅笔在橡皮泥上轻轻地钻个洞，使吸管刚好能插进去，并且要保证瓶子里的吸管末端不要碰到水。将吸管周围的橡皮泥压实压紧，使瓶口密封起来。

可用于吸水的茎干

知识链接

中空植物茎干制作吸管的方法步骤如下：将其按指定的长度切成段、消毒、筛选、包装。植物茎干吸管对人体无毒、无害，对环境无污染，与塑料吸管可以一样的使用、一样的保存，对使用者而言，别具一番亲近大自然的风味。这种吸管由植物的茎干制成，保护人体的健康。使用后可以分解，对环境无污染。

在瓶子的前面放一面镜子，调整镜子的角度，使你可以从镜子中看到瓶子的上半部分。一边看着镜子，一边用吸管将瓶子里的空气吸出来。如果瓶口被橡皮泥塞实了，要将空气吸出来是有一些难度的，所以要多用一些力气来吸。

当吸瓶子里的空气时，同学们会发现这样的现象：在瓶子里，茎的底部会有气泡冒出来。

实验揭秘

实验瓶里有气泡产生，这是因为植物的叶片上有许多叫做“气孔”的小洞，木质部里的导管都是顺着茎的方向延伸的，因此，植物的叶和茎就起着类似吸管的作用。当你用吸管把瓶里的空气往外吸的时候，叶片上的小孔也会从外面吸入更多的空气，然后通过茎的木质部里的导管，进入水中，就变成气泡冒出来。植物里的水分就是通过茎的导管和叶片的气孔来输送的。

如何识别叶子里的色素

RUHESHIBIEYEZILIDESESU

植物的叶子里除了叶绿素，还有其他的色素存在吗？要揭开这个秘密，同学们需要动手做一个小实验，看看植物的叶子里究竟含有哪些色素。

探究色素的实验

大家先准备实验材料：一瓶酒精，一片绿叶，一张过滤纸，一支铅笔，一只小的广口瓶，一把尺子，一把剪刀。

接下来，按照以下步骤操作：将绿色的叶子背面朝上盖在过滤纸上，在叶子边缘往里约1.3厘米的地方，用铅笔的笔芯在叶子上前后摩擦10次。将叶子翻过来，重复摩擦的动作，直到滤纸上形成一团暗绿色块。顺着暗绿色块的两侧，笔直剪到过滤纸的中央，但不要剪断。把过滤纸上剪出的部分向下折成纸条，把过滤纸放在广口瓶的瓶口上，使纸条垂在瓶子里。把过滤纸拿起来，慢慢地把酒精注入广口瓶里，使滤纸垂下的纸条边缘能接触到酒精。但要注意，纸条上的暗绿色块一定不能浸到酒精。静置30分钟，然后仔细观察滤纸。

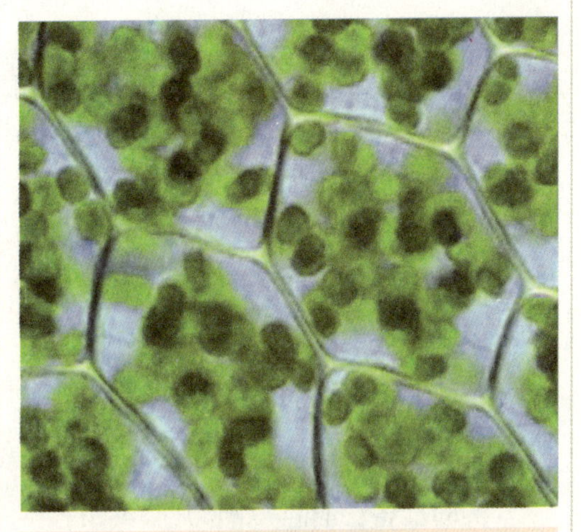

叶子里的叶绿素

这时，酒精会沿着纸条上升，纸条上的暗绿色块会被酒精溶解形成绿色溶液。绿色酒精溶液会沿着过滤纸上升，在过滤纸上会看到很多绿色的点和黄色的条纹。这种试验方法就是“色谱法”。

知识链接

色谱法，就是用颜色书写不同物质的方法。化学物质会溶解在酒精中，并沿着过滤纸上升。混合物中不同的物质会以不同的速度沿着过滤纸移动，重的物质会先附着在纸上，而轻的物质则会上升到较高的位置再附着在纸上，最终达到分离的效果。色谱法起源于20世纪初，并发展出一个独立的学科——色谱学。

叶绿素不是植物中唯一的色素

植物体内含有多种色素，这些色素是植物进行光合作用制造养分的过程中所必需的物质。在这些色素中，以叶绿素最多，所以大多数的植物叶片看起来是绿色的。其中有一种色素的含量很少，这种色素叫做类胡萝卜素，它包括胡萝卜素和叶黄素，显现出橙色、黄色，是植物的果实和花朵的色彩来源。秋天，植物的叶片色彩变得很丰富，就是因为叶绿素先停止生成，然后类胡萝卜素生成，就形成了以橙色和黄色为主体的植物秋景。

茎的背地生长和根的向地生长是由地球的引力造成的，地球引力导致生长素分布不均匀，在茎的近地侧分布多，背地侧分布少。

谁掌控着植物的生长方向

SHUIZHANGKONGZHEZHIWUDESHENGZHANGFANGXIANG

在我们的日常生活中，只要你留心观察身边的植物，就会发现很多植物都是朝着同一个方向生长的。甚至采取一些人为的扭转植物生长方向的措施，你都不能改变它们的生长走向。这是什么原因造成的呢？下面我们可以通过实验来探究其中的奥秘。

播种时种子的方向和它的生长方向

实验准备：4粒菜豆，几张纸巾，一卷胶带纸，一只玻璃杯，一支笔。

实验操作：将纸巾卷成筒状，并贴着玻璃杯的内壁放入杯中。把几张纸巾揉成团塞在玻璃杯里，使前面放下去的纸巾紧贴着玻璃杯。在玻璃杯外侧贴上一圈胶带纸。并在胶带纸上标出表示上、下、左、右这4个方向的箭头。在每个箭头的下方各放一粒菜豆。一定要使每粒菜豆的种脐都朝向箭头所指的方向。接下来，向杯子里的纸巾洒一些水，使纸巾有一些湿，但是不要将纸巾弄得太湿。并且必须使纸巾保持潮湿的状态。连着7天观察杯子里的菜豆。

刚发芽的种子

知识链接

研究发现，植物生长素的作用表现为双重性：既能促进生长，也能抑制生长；既能促进发芽，也能抑制发芽；既能防止落花落果，又能疏花疏果。这与生长素的浓度对植物不同部位的敏感度有关。一般来说植物根的敏感度大于芽。双子叶植物的敏感度大于单子叶植物。所以用这样的生长素类似物可以做除草剂。它的特点是双面性，既能促进植物生长，也能抑制植物生长，甚至杀死植物。

实验结果发现：无论豆子放置的方向如何，长出来的根都是向下生长的，而茎都是向上生长的。一般要7天后才能看出这种变化。

揭秘植物的生长方向

科学研究证明，植物生长素是一种调节植物生长速度的植物激素。每个植物体内都含有植物生长素。由于重力作用会使植物生长素在植物体内较低的部位聚集。植物不同的器官对生长素浓度的要求是不同的。生长素浓度低时促进根生长；浓度高时抑制根生长，但促进茎生长；浓度更高时则抑制茎生长。当植株平放时，

植物生长素是由具分裂和增大活性的细胞区产生的调控植物生长方向的激素。主要作用是使植物细胞壁松弛，从而使细胞增长，在许多植物中还能增加RNA（核糖核酸）和蛋白质的合成。

由于重力作用，生长素移向下侧，茎部下侧生长素浓度高，生长比上侧快，使茎尖向上弯曲；根部下侧生长素浓度高到产生抑制的作用，生长比上侧慢，使根尖向下弯曲。由于植物的根和茎的这种特性，为农业生产提供了很大方便，所以播种时可以不管种子的姿态。否则，人们只好弯腰曲背，将种子一粒一粒地正向播到土里，那可麻烦了！

绕颈生长的牵牛花

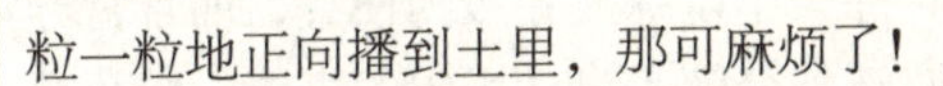

接下来，按照同样的实验用具，我们可以做下一个实验，看看哪些因素影响了植物茎干的生长缠绕方向。

需要缠绕支持物向上生长的植物

借用上述的实验器材，我们开始本次实验。操作如下：

用胶带纸将4支铅笔分别固定在玻璃杯的外侧，铅笔的位置要比玻璃杯里的豆子的位置高一些，铅笔要粘牢。静置一个星期。注意要让杯里的纸巾一直保持潮湿状态。在这个过程中，如果在外面有机会看到缠绕植物，可以观察一下它的缠绕方向，豆苗的茎绕着铅笔按逆时针方向上升。如果没有看到缠绕的现象，过几天再来观察。

豆苗为什么按照逆时针方向缠绕铅笔向上生长呢？原来，有些植物的茎本身细长而柔软，不能直立只能缠绕在其他物体上向上生长，这种茎就叫做缠绕茎，如牵牛花的茎。植物会缠绕，是因为在接触支持物的一面生长较慢，而另一面生长较快，因此它们就螺旋式地缠绕在支持物上。牵牛花的细茎会沿逆时针方向旋转，金银花等植物始终为顺时针方向旋转，而何首乌却有时左旋，有时右旋。有科学家假设，植物旋转缠绕的方向特性，是它们各自的祖先遗传下来的本能。

远在亿万年以前，有两种缠绕植物的始祖，一种生长在南半球，一种生长在北半球。为了获得更多的阳光和空间，使其生长发育得更好，它们茎的顶端就随时朝向东升西落的太阳。这样，生长在南半球植物的茎就向右旋转，生长在北半球植物的茎则向左旋转。经过漫长的适应、进化过程，它们便逐渐形成了各自旋转缠绕的固定的方向。以后，它们虽被移植到不同的地理位置，但其旋转缠绕的方向特性却被遗传下来而固定不变。而起源于赤道附近的单援植物，由于太阳当空，它们就不需要随太阳转动，因而其缠绕方向没有固定，可随意旋转缠绕。

豆芽抗癌原理：亚硝酸盐是食物中的致癌元凶，常见与各种腌制类的食物和工业加工食品中，而豆芽中的叶绿素能分解人体内的亚硝酸胺，进而起到预防直肠癌等多种恶性肿瘤的作用。

自制豆芽

ZIZHIDOUYA

我们日常生活的餐桌上，经常吃的食物有黄豆芽和绿豆芽。

黄豆芽

黄豆蛋白质含量虽高，但由于它存在着胰蛋白酶抑制剂，使它的营养价值受到限制，所以人们提倡食用豆制品。黄豆在发芽过程中，这类物质大部分被降解破坏。

另外，黄豆中含有的不能被人体吸收，又易引起腹胀的棉子糖等物质，在发芽过程中急剧下降乃至全部消失，这就避免了吃黄豆后腹胀现象的发生。黄豆在发芽过程中，由于酶的作用，更多的钙、磷、铁、锌等矿物质元素被释放出来，这又增加了黄豆中矿物质的人体利用率。

黄　豆

绿豆芽

绿豆芽，指绿豆发的芽。绿豆在发芽过程中，维生素C会得到增加，而且部分蛋白质也会分解为人们所需的氨基酸，可达到绿豆原含量的几倍，所以绿豆芽的营养价值比绿豆更大。

食用芽菜是近年来受人们欢迎的蔬菜，芽菜中以绿豆芽最为便宜，而且营养丰富还能分解人身体里内的毒素，绿豆芽也是自然食用主义都所推崇的食品之一。绿豆在发芽过程中，维生素C会增加很多，而且部分蛋白质也会分解为各种人所需的氨基酸，可达到绿豆原含量的七倍，所以绿豆芽的营养价值比绿豆更大。

自制豆芽

看着一颗颗的小豆子，短短的几天时间就长出了嫩芽，真是一件让人开心的事情。自己动手在家发的绿豆芽，纯正天然，吃起来也特别有滋有味……

自己动手发绿豆芽准备：

因为绿豆芽的育芽过程是不能见阳光的，见了阳光，发出来的豆芽会变粉红色，吃起来也有苦味，所以需要准备一个不透明的大茶壶、水壶或者不透明的其它带盖容器。

原料：绿豆。

做法：

1. 绿豆先浸泡一夜，泡至绿豆膨胀（或上午出门前泡水，下午回家后就可以

豆芽延年益寿：常吃黄豆芽的长寿老人中普遍没有高血压、心脏病、动脉硬化等疾病。这是因为豆芽中含有大量的抗酸性物质，具有很好的防老化功能，能起到有效的排毒作用。

开始育芽了）；

2. 把泡好的豆子平铺一层在茶壶底部（不宜过多）；

3. 把水倒掉盖好盖子，放在温暖的地方就可以了，容器内是湿润的环境，绿豆从此刻起开始蕴育萌芽了（要让豆子有足够的湿度，但又不能让豆子泡在水中）；

4. 大约每隔4~6小时，就做一次用水清理的动作，记得：一律从茶壶的嘴注入干净的水，然后再从茶壶的嘴将水沥出，这样可以保证整个过程不见阳光（不要过于好奇经常掀开盖子）；

绿豆芽

5. 绿豆发芽很快，第一天，绿豆会冒出小小的点，第二天大概会有2~3厘米长，发到第四天就差不多可以收成了。

用清水把飘浮的豆壳冲掉，把豆芽放入沸水中焯熟，就可以依照自己的口味拌入葱姜末、辣椒、盐、糖、醋、麻油来享用了。

绿豆煮成粥是人们夏季防暑降温的的最好食物。

知识链接

绿豆芽的营养价值

绿豆芽具有以下保健作用：

1. 豆芽中含有丰富的维生素C，可以治疗坏血病；

2. 它还有清除血管壁中胆固醇和脂肪的堆积、防止心血管病变的作用；

3. 绿豆芽中还含有核黄素，对口腔溃疡的人很适合食用；

4. 它还富含膳食纤维，是便秘患者的健康蔬菜，有预防消化道癌症（食道癌、胃癌、直肠癌）的功效；

5. 豆芽的热量很低，而水分和纤维素含量很高，常吃豆芽，可以达到减肥的目的。

让水果腐烂变质的凶手

RANGSHUIGUOFULANBIANZHIDEXIONGSHOU

没有经过保鲜处理或者是未被加工过的水果，放置几天，很快就会烂掉坏掉。是什么让水果腐烂变质了呢？杀害水果的“凶手”是同一个生物类群吗？下面我们不妨自己动动手，找出“谋害”水果的真凶。

椰子上长出的霉菌

实验材料：一只椰子，一根橡皮筋，一只大塑料袋。

实验步骤：把椰子切开，并将椰子汁倒出。将椰子切口朝上，在房间里放两小时。再将切开的椰子合在一起，并用橡皮筋固定。接下来，把椰子放进塑料袋，然后在阴暗暖和的地方放一星期。每天打开观察一次，看看椰子的内侧与外侧有没有东西长出来。经过我们仔细的观察发现，椰子的外侧没什么变化。但是椰子的内侧发霉了，有不同颜色的斑点出现。

椰子上长出的这种霉是一种真菌。椰子的内侧出现的不同颜色的霉点是由空气中的多种真菌繁殖而成的。由于这些真菌没有叶绿素，无法制造生长所需的养料，所以必须从它们寄生的生物身上盗取生长所需的养料。霉菌在生活中随处可见，如空气中、衣服上、皮肤上及头发上等。霉的生长需要空气、养料和水。当霉菌落到潮湿又温暖，还有养料提供的地方时，就会大量繁殖，破坏物体原有的质地，使物体腐烂变质。

椰　子

知识链接

真菌的作用：真菌可以避免生物的尸体不断地堆积在地球上，腐烂后被彻底分解的东西还可以被其他的植物或动物利用。例如，用于浇花种菜的各种肥料中就含有这种真菌，它们会把肥料分解成能让植物吸收的形态。森林中的落叶就是被大量的细菌和真菌分解的。其中的有机物被分解成简单的物质，归还土壤，供植物重新利用。所以真菌和细菌也被称为生态系统中的分解者。

青霉菌在什么地方最容易繁殖

实验材料：两团棉球，两只橘子，两只柠檬，两只塑料袋，一只盘子，两根橡皮筋。

实验步骤：将橘子、柠檬、棉球都放在地面上摩擦一下，使水果表皮上产生破损，再将橘子、柠檬、棉球都放进盘子里，在室温下放一天。接下来，将橘子、柠檬、棉球都蘸些水后，每样分别放入两只塑料袋中，用橡皮筋分别将塑料袋口扎

青霉菌属多细胞的营养菌丝体，无色、淡色或具鲜明颜色。基部无足细胞，顶端不形成膨大的顶囊，其分生孢子梗经过多次分枝，产生几轮对称或不对称的小梗，形如扫帚，称为帚状体。

紧。将一只塑料袋放进冰箱的冷藏室中，另一只塑料袋则放在暖和、阴暗的地方。静置两个星期。每天观察一次塑料袋里的情形。结果我们发现，放在冷藏室里的塑料袋，里面的东西除了有些干以外，没什么变化。另一只塑料袋里的东西则长满了蓝绿色的细毛。

水果表皮上长出的这些蓝绿色的物质就是青霉菌。在显微镜下观察，青霉菌很像一把小画笔。在热的地方，特别是在潮湿温暖的地方，青霉菌繁殖很快。所以在夏天，食物特别容易发霉。如果把面包放在盒子里，面包很快就会发霉。而在温度较低的地方，霉的生长速度会变慢。所以把食物放进冰箱里冷藏或冷冻，就能使食物的保质期变长。青霉菌通常长在腐烂的水果和成熟的奶酪上，它可以用来制造青霉素和奶酪。

香蕉是怎么烂掉的

酵母菌会加速食物的腐烂。下面我们可以做一个小实验，看看酵母菌的强大的破坏力。首先准备一根香蕉，两只塑料袋，一些发酵粉，一把茶匙（5毫升），一支签字笔，两根橡皮筋。

接下来，将香蕉切下两片薄片，在一片香蕉薄片上撒上半茶匙的发酵粉，然后将这片香蕉放进一只塑料袋，用橡皮筋将袋口扎紧。在袋子外，用笔写上“发酵粉”。将另一片香蕉薄片放进另一只塑料袋，也用橡皮筋将袋口扎紧。连续两周观察两只袋子，看看哪只袋子里的香蕉更早发霉并腐烂。

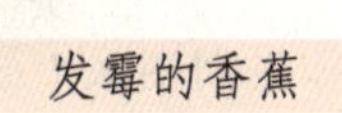

发霉的香蕉

实验结果显示：撒有发酵粉的香蕉片会更快腐烂。

真菌有10万多种，酵母菌是其中之一。真菌没有叶绿素，所以必须寄生在别的生物上以获取养料。在这个实验中，酵母菌从香蕉上获取养料，所以会把香蕉分解成很小的块状，这个过程就称为“腐烂”。

变质的水果

“硬骨头”变成了“软骨头”

YINGGUTOU BIANCHENGLE RUANGUTOU

同学们或许碰到过这样的情况，当鸡、鸭、鱼经过长时间炖煮后，我们在啃连着骨头的肉时，会很容易把骨头嚼烂。原本坚硬的骨头怎么变的酥软易烂了呢？

骨头变化的小实验

同学们准备一根小骨头（没有煮过的鸡骨头，如鸡翅），一只有盖子的广口瓶（骨头要能放进去），一瓶白醋。

然后，请大人帮忙将鸡骨头上的肌腱和肌肉剔除干净。把鸡骨头放一个晚上，使之变干。待骨头变干后，把鸡骨头放进广口瓶内，然后倒入白醋，使鸡骨头完全泡入白醋中。盖好瓶盖，静置7天。坚持每天一次，取出瓶子里的鸡骨头，然后把鸡骨头向前、向后弯曲，观察鸡骨头的柔韧性。

这样一段时间后，同学们会发现鸡骨头的末端先变软，然后是鸡骨头的中间变软。到最后，鸡骨头会变得软而有弹性，而且可以扭曲。

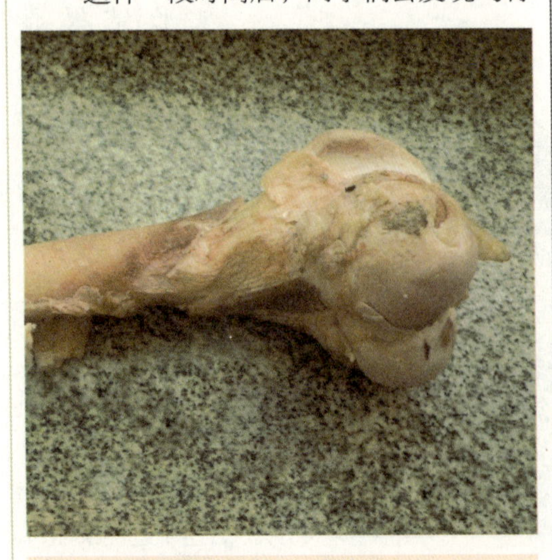

骨头中含有矿物质

> **知识链接**
>
> 骨质增生症又称为增生性骨关节炎、骨性关节炎、退变性关节病、老年性关节炎、肥大性关节炎，是由于构成关节的软骨、椎间盘、韧带等软组织变性、退化，关节边缘形成骨刺，滑膜肥厚等变化，而出现骨破坏，引起继发性的骨质增生，骨质增生分原发性和继发性两种。
>
> 骨质疏松是以骨量减少、骨组织的微细结构破坏，导致骨头“变脆”，容易发生骨折为特点的全身性疾病。骨质疏松最常见的症状，是腰背酸痛、弯腰、驼背。

骨头中的矿物质

骨头之所以由硬变软，主要是因为骨头里含有矿物质。矿物质有强化、坚固骨头的作用，而醋能将骨头里的这些矿物质溶解出来。由于矿物质的流失，骨头就变得软而有弹性了。

骨组织由活细胞和矿物质（主要是钙和磷）混合构成，正是这些矿物质使骨头具有坚实的特性。成年人的骨主要由两种组织构成：坚硬的密质骨在外，多孔的松质骨又称海绵骨在内。

骨头是有生命、能生长的组织。女性到16岁左右骨头才停止生长，男性则长到18岁左右。成人的骨头的强度和钙量直到35岁左右才停止增加。

骨头汤能起到抗衰老的作用。这是由于人体骨胳中最重要的是骨髓，血液中的红、白细胞等就是在骨髓中形成的，随着年龄的增大和机体的老化，骨髓制造红、白细胞的功能逐渐衰退，骨髓功能降低，直接影响到人体新陈代谢的能力。

骨头的作用

（1）有机类物质：如蛋白质、胶原纤维、多糖类物质、酶类、骨基质及硫酸软骨素等。

（2）无机盐类物质：主要是钙、磷、钠、镁、铁及氟等，其中以钙含量最多，磷次之。骨内的钙常以磷酸钙或碳酸钙的形式存在。

（3）水：水广泛地存在于骨骼的各部分。有85%～90%的水分存在于骨的有机类及无机盐类物质中，其余的水存在于骨组织的间隙中。骨骼中的水是骨组织生长、发育、代谢的递质。骨骼中的有机类物质主要起促进骨骼生长、修复骨组织，供给骨生长发育所需的营养，连接和支持骨细胞，以及参与骨骼新陈代谢等作用。

骨骼中的无机盐，特别是钙和磷，以结晶的方式排列成行，组成骨小梁，使骨骼具有一定的强度和韧性，起到支架的作用。骨质疏松及骨质增生的发生，与骨骼内有机类物质和无机盐的含量及比例失衡有关。

骨头汤的营养价值

“骨头汤要比纯肉更有营养，他更有利于人体吸收”，这句话的确是推翻现代营养科学。因为骨头汤同纯肉基本没有可比性，因为骨头汤中的营养确实低得太多。骨头汤中含有丰富的钙、磷，骨头汤必然钙含量很高，是补钙的好材料。只可惜，骨头中的钙磷连系于骨质中长短常不乱的，仅以熬汤的体式格局是几乎溶不出来的。

知识链接

骨头汤的烹饪方式

将龙骨剁成块，焯水，之后用小火煮肆零分钟即可，出锅前可以放一些切好的冬瓜块，或者藕块，如许更能增添清冷去火的功能。张亮提醒人人，在煮龙骨的同时，假如能同时放进一些绿豆一路煮，炎天喝会更爽口。

骨头汤中含有丰富的胶脂，对老年人身体健康有益。

至于说骨头汤中的卵白质是猪肉和鸡蛋的壹倍多，的确无法理解！瘦肉的卵白质含量约为20%，那么骨头汤中的卵白质含量可达到40%，那不是骨头汤，就叫做卵白质冻好了。

骨头汤有哪些营养成分？脊椎骨熬汤：烹饪部位龙骨就是猪的脊椎骨，也是经常用来炖汤的原料之一。营养剖析：假如用来做汤，选择连着尾巴的中后段更好。而前段龙骨适合酱着吃。龙骨上带的肉正本就不多，并且含脂肪对照低，是以适合炎天炖汤喝。

滑头汤

蝴蝶是由蛾子变成的吗

HUDIESHIYOUEZIBIANCHENGDEMA

由于蝴蝶和蛾子长的很相像，很多时候，我们认为蝴蝶是由蛾子蜕变而来的。其实这种想法是错误，蝴蝶和蛾子是完全不同的两种昆虫。

蝴　蝶

蝶，通称为“蝴蝶”，全世界大约有14000余种，大部分分布在美洲，尤其在亚马逊河流域品种最多，在世界其他地区除了南北极寒冷地带以外，都有分布，在亚洲台湾也以蝴蝶品种繁多著名。最大的蝴蝶展翅可达24厘米，最小的只有1.6厘米。大型蝴蝶非常引人注意，专门有人收集各种蝴蝶标本，在美洲“观蝶”迁徙和“观鸟”一样，成为一种活动，吸引许多人参加。有许多种类的蝴蝶是农业和果木的主要害虫。

蝴蝶的卵一般为圆形或椭圆形，表面有蜡质壳，防止水分蒸发，一端有细孔，是精子进入的通路。不同品种的蝴蝶，其卵的大小差别很大。蝴蝶一般将卵产于幼虫喜食的植物叶面上，为幼虫准备好食物。

美丽的蝴蝶

知识链接

蝴蝶效应是气象学家洛伦兹1963年提出来的。其大意为：一只亚马逊河流域热带雨林中的蝴蝶，偶尔扇动几下翅膀，可能两周后会在美国德克萨斯引起一场龙卷风。这是因为蝴蝶翅膀的运动，导致其身边的空气系统发生变化，并引起微弱气流的产生，而微弱气流的产生又会引起它四周空气或其他系统产生相应的变化，由此引起连锁反应，最终导致其他系统的极大变化。

幼虫孵化出后，主要就是进食，要吃掉大量植物叶子，幼虫的形状多样，多为肉虫，少数为毛虫。蝴蝶危害农业主要在幼虫阶段。随着幼虫生长，一般要经过几次蜕皮。

蝴蝶是属于完全变态类的昆虫，它的一生具有四个明显不同的发育阶段：（1）卵期（胚胎时期）；（2）幼虫期（生长时期）；（3）蛹期（转变时期）；（4）成虫期（有性时期）。后三个发育阶段合称为胚后期发育。这四个发育阶段所表现的体态，从形态学上来看，毫无共同之处。因此，必须通过系统的研究或者不间断的

蛾子，就是我们常说的飞蛾。经常被人们认为像无头苍蝇一样，喜欢亮光。当虫体变成蛾子后，便开始交配、产卵，不吃不喝，直至死亡。

知识链接

云南省盛产蝴蝶

云南有蝴蝶有600多种，居全国之首，构成云南的一大生物资源。有许多珍稀蝴蝶品种：如褐凤蝶、云南褐凤蝶、玉龙褐凤蝶、喙凤蝶、无尾黑凤蝶、猫斑绢粉蝶、大斑马凤蝶、距粉蝶、红翅尖粉蝶、白花斑蝶、喙蝶、云南丽蛱蝶、大银豹蛱蝶、圆翅狼蛱蝶、白眼蝶、泰愚蛱蝶、四川绢蝶、银弄蝶等。

有观赏价值的种类约200多种。其中以蛱蝶科的种类最多将近100种，其次是粉蝶科。

观察，才能了解它们原来就是一个物种的四个发育阶段。

蝴蝶和蛾子的特点

蝴蝶的特点

1.多数蝶类翅膀正面的鳞粉色泽亮丽，翅表面不被毛绒。少数蛱蝶科的蝶类后翅根部被有较明显的毛绒。 2. 多数蝶类有顶端膨大的棒状触角。3. 蝶类四翅合拢竖立于背上休息的方式。4. 蝶类躯干上被毛稀疏（需与蛾类比较）。5. 蝶类腹面可见的后翅根部呈弧形（贴接式），无翅缰。有助于飞行的速度提升，是因为蝶类在白天活动普遍飞行速度快于蛾类。6. 蝶的蛹赤裸，无茧。7. 蝴蝶的活动时间严格定义在白天。

飞蛾的特点

1. 蛾子不分昼夜地飞，大多数都是棕色或者黑色，很少有几种颜色与蝴蝶一样鲜艳。2.多数蛾类触角顶端呈针尖样弯曲或整个触角呈羽毛状，少数蛾类（天蛾科、斑蛾科）由于白天活动所以触角与蝶类相似。3.蛾类多数都是将四翅平铺休息。4.蛾类躯干部被毛一般都很浓密，就像天蛾科的蛾类飞行期间很容易与蜂鸟混为一谈。5.大多数蛾类的腹面后翅根部是平滑的，弧度很小，这跟蛾类在夜间飞行速度慢有关。6. 蛾的蛹有茧。

蝴蝶和蛾子的具体差别

蝴蝶和蛾都有3对脚和两对翅膀。翅膀表面被很多小鳞片状的东西所覆盖，所以翅膀的颜色和图案会不同。同学们千万不要触摸蝴蝶和蛾的翅膀，因为只要稍微碰触一下，鳞片就会掉落，使蝴蝶与蛾受伤。蝴蝶与蛾的外观看起来很相似，同属鳞翅目，但两者之间仍有很大的差别。比如蝴蝶在休息时会将翅膀合拢，但蛾却是翅膀平放或呈脊状。蝴蝶和蛾在头部都有触角，蝴蝶的触角细长，呈棒状或锤状；而蛾的触角呈羽状或丝状。另外，蝴蝶的腹部细长，而蛾的腹部粗短。蝴蝶在白天活动，而蛾在晚上活动。

美丽的蝴蝶

蜘蛛是节肢动物门蛛形纲和蜘蛛目所有种的通称。除南极洲以外，全世界均有分布，可以从海平面分布到海拔5000米处，均是陆生。

蜘蛛网——蜘蛛的家

ZHIZHUWANG—ZHIZHUDEJIA

蜘蛛网的形状

蜘蛛是出了名的织网高手，那么蜘蛛所织造的蜘蛛网的形状是否都一样呢？下面我们可以自已动手，做个小实验，来发现蜘蛛网的形状究竟如何。

发现蛛网前，我们需要准备一瓶喷雾式的油漆（明亮的颜色），一瓶发胶，一把剪刀，一张白纸。

其实，在春天和夏天的早晨最容易发现蜘蛛网。当选择好几处蜘蛛网后，我们需要耐心的等几个小时，直到蜘蛛网上的露水消失。为了使蜘蛛免受伤害，同学们还应注意，在做下一个实验步骤之前，要先确定蜘蛛已从蜘蛛网上离开。

接下来，朝蜘蛛网喷射喷漆。将发胶喷在一张白纸上，然后立刻将白纸朝喷漆未干的蜘蛛网上贴。使白纸保持不动，请别人将超出白纸以外的蜘蛛丝用剪刀剪断。等纸和蜘蛛网都变干。用这种方法尽可能多地搜集不同种类的蜘蛛网。把搜集来的蜘蛛网进行比较，看看它们的图案是否一样。

通过观察我们发现，种类相同的蜘蛛所编织的蜘蛛网图案一样。不同种类的蜘蛛所编织的蜘蛛网图案不同。其实，蜘蛛织网不是蜘蛛的一种学习能力，而是蜘蛛与生俱来的一种本能。在蜘蛛一生下来，它就知道它的“家”是什么样的。

蜘蛛是如何织网的

蜘蛛在架设它的空中猎网时，会先在它所在的地方，制造许多长度足以到达对面的丝线。这些丝线遇到风，便随风在空中飘荡，一旦丝线的另一端飘到了对面，缠住对面的树枝或其他东西时，正在原地固定丝线的蜘蛛，就会发现已经被缠住的丝线拉不动了。这时，它就以这条线为支撑，再来回黏上许多丝好把它加粗。之后，蜘蛛会在这条粗丝下方平行架设另一条粗丝，那么，整个网状的结构就可以在这两条粗丝间形成了。

蜘蛛网

蛛丝是从蜘蛛的纺绩器出来的，通常位于腹部的后

蜘蛛丝的成分跟蚕丝很相近，主要是以蛋白质构成。蜘蛛刚流出的丝线，就好像我们平常所用的胶水一样具有黏性，不过一旦丝线接触到空气后，就会立刻变成硬丝。

部。纽约康奈尔大学曾对蜘蛛做过详细的研究。研究人员发现，蛛丝在腹部里面时以液体的形式存在，而出来后却变成了固体的丝，研究人员一直在研究这是如何发生的。蛛丝比同样粗细的钢铁要坚硬的多，并且具有更大的柔韧性，它可以伸展到其长度的200倍。

蜘蛛如何知道猎物的大小

那么，蜘蛛是如何判断粘在蜘蛛网上的东西的大小呢？现在，同学们可以准备一根线，接下来，我们将开始进一步的探索之旅。

我们把这一根线系在两样不容易移动的物体上，将线拉直。例如，门把手和椅子脚。背对着你的朋友，将你的手指轻轻地放在线的一端上。请朋友站在线的另一端，背对着你。然后，请朋友用不同的力度拨动这根线，有时轻，有时重。这时，你会发现放在线上的手指能感觉到对方的力度大小。

蜘蛛正在织网

在这个实验中，如果你在绑着线的一端摇晃，则整条线会跟着振动起来。如果只是轻轻地拨动线，线只会产生轻微的振动；而如果用力地摇动线，就会使整条线晃动起来。蜘蛛网也是一样的原理。

当蜘蛛网摇动时，蜘蛛会凭借脚上的感觉毛来判断动静。如果蜘蛛网摇晃得相当微弱，蜘蛛是不会有任何反应的。但如果是很大的振动，就可能是蜘蛛敌不过的敌人掉落在网上，此时蜘蛛便会赶紧躲藏起来，或是将线咬断赶快逃跑。如果蜘蛛网的振动程度中等，蜘蛛便知道掉落在蜘蛛网上的昆虫的大小正适合自己吃，因此会赶紧前往发生振动的地方，在猎物周围吐丝，将猎物团团包住，从容地享用美食。

知识链接

每种蜘蛛都有自己的一种织网类型，这是天生的。每个网也是由每只蜘蛛根据具体空间而修造的，生物学教授罗伯特·布苏特说：“蜘蛛会根据风和周围植被情况修改网的设计。”

现在所知的最好的对称网是由那些圆球蜘蛛编织的，地球上大约有5000种编圆球网的蜘蛛。圆球网由辐形圆组成，中部突出成螺旋状以诱捕食物。

最大的蜘蛛是南美洲的潮湿森林中的格莱斯捕鸟蛛。它在树林中织网，捕捉自投罗网的鸟类为食。雄性蜘蛛张开爪子时有38厘米宽。最小的蜘蛛为施展蜘蛛，曾在西萨摩尔群岛采到一只成年雄性展蜘蛛，体长只有0.043厘米，还没有印刷体文字中的句号那么大。

蚯蚓生活在土壤中，昼伏夜出，以畜禽粪便和有机废物垃圾为食，也摄食植物的茎叶等碎片，进食时连同泥土一同吞入。

全身是宝的蚯蚓

QUANSHENSHIBAODEQIUYIN

蚯蚓从来不挑食，它是杂食性动物。除了不吃玻璃、塑胶、金属和橡胶，其余如腐殖质、动物粪便、土壤细菌等以及这些物质的分解产物蚯蚓都吃。另外，蚯蚓味觉灵敏，喜甜食和酸味，厌苦味。喜欢热化细软的饲料，对动物性食物尤为贪食，每天吃食量相当于自身重量。

有趣的发现

同学们可以用垫板做一个45度的斜坡，放一条蚯蚓在斜坡的中间，看它会往哪个方向爬，实验过程中，如果蚯蚓的前端向上，那么它就会往上爬。在正常情况下，蚯蚓全靠身体肌肉的收缩和体表刚毛相互配合，总是向前移动的。

接下来，我们再用四种不同的液体（酒精、醋、盐水和糖水）分别滴在蚯蚓的身体上。由于前3种溶液体对蚯蚓的刺激性大，因此，它会难受得乱跳，只有滴糖水的蚯蚓没有反应。不过并不是蚯蚓也和小朋友们一样喜欢糖水，而是糖水刺激性小的缘故。

知识链接

蚯蚓的药用价值

蚯蚓，中药称地龙，性寒味咸。其功能为清热、镇痉、止喘、利尿。主治高热狂躁、惊风抽搐、头痛目赤、喘息痰热、中风、半身不遂等病症。是中医治疗前列腺等湿热下注、泌尿感染等病的常用药。另外，蚯蚓有良好的定咳平喘的作用，蚯蚓灰与玫瑰油混合能治秃发。

蚯蚓的躯体有许多环体节组成，所以称为环节动物。尖的一头是前端，粗的一头是后端，用刀切去蚯蚓的后5个环节，再把它放在潮湿的草纸上，扣上玻璃杯，隔几天洒水，投入菜叶，一个月后，蚯蚓重新长出失去的后端，可见蚯蚓具有很强的再生能力。

蚯　蚓

蚯蚓的神经系统

蚯蚓为典型的索式神经，外周神经系统的每条神经都含有感觉纤维和运动纤维，有传导和反应机

能。感觉神经细胞，能将上皮接受的刺激传递到腹神经索的调节神经元，再将冲动传导至运动神经细胞，经神经纤维连于肌肉等反应器，引起反应，这是简单的反射弧。

蚯蚓的腹神经索中的3条巨纤维，贯穿全索，传递冲动的速度极快，故蚯蚓受到刺激反应迅速。蚯蚓的感觉器官不发达，体壁上的小突起为体表感觉乳突，有触觉功能；口腔感觉器分布在口腔内，有味觉和嗅觉功能；光感受器广布于体表，口前叶及体前几节较多，可辨别光的强弱，有避强光趋弱光反应。

埋在地底下的蚯蚓

蚯蚓奇特的循环系统

蚯蚓很特别，如同它的身体分节而没有明显的归并那样，它的心脏也随身体前部的若干节分成了若干个。一般为4~5个，呈环状，好像膨大的血管，所以也有称其为环血管的。环状心脏的背面接自后向前的背血管，腹面接自前向后的腹血管，腹血管还有分支连通着自前向后的神经下血管。环状心脏比起血管来，肌肉壁比较厚，能搏动，里面还有单向开启的，保证血从背血管流向腹血管的瓣膜。大体说来，靠这数个各自独立的环状心脏的搏动给血流以动力，血流的方向是自后向前、自背向腹、自前向后（自腹血管向神经下血管）。

蚯蚓与人类的关系

蚯蚓以土壤中的动植物碎屑为食，经常在地下钻洞，把土壤翻得疏松，使水分和肥料易于进入而提高土壤的肥力，有利于植物的生长。蚯蚓每天吞食大量的腐烂有机物和泥土，形成粪便排出体外。蚯蚓粪是一种无臭、无毒、干净、卫生、无污染，氮、磷、钾含量齐全的高效优质肥料。它不仅能改良土壤，而且能使瓜更香、果更甜、菜更鲜。另外，蚯蚓可以作为家禽的饲料，是鸡、鸭喜好的“肉类”食物；蚯蚓还能作饵用于淡水钓鱼，是各种水域中鱼类喜欢的饵料。

但蚯蚓也有为害的一面。有一种寄生在猪体内的寄生虫——猪肺丝虫，在它的幼虫生长发育中，有一段时间是寄生在蚯蚓体内的。因此，在猪肺丝虫流行的地区，蚯蚓为这种寄生虫的繁殖提供了方便的条件。活蚯蚓容易传播疾病，对猪可传播绦虫病和气喘病。对禽类可传播气管交合线虫病、环形毛细线虫病、异次线虫病和楔形变带绦虫病。

按照达尔文的解释，生物的保护色、警戒色和拟态是由自然选择决定的。生物在长期的自然选择中，形成了形形色色功能不同的保护色。

动物神奇的保护色

DONGWUSHENQIDEBAOHUSE

按照“物竞天择，适者生存”的进化法则，生物在长期的自然选择中，形成了形形色色功能不同的保护色。比如，枯叶蝶停息在树枝上，像一片片枯树叶；竹节虫的颜色与竹林一样，并且身体有竹节，以便保护自己不被敌虫和鸟类发现；石斑鱼在珊瑚礁中像石头；变色龙可以变换很多种颜色。

动物有保护色

动物的保护色能保护动物不易被发现，我们可以来实际操作验证一下。

实验准备：一张橙色的玻璃纸，一支黄色蜡笔，一张白纸。

实验步骤：在白纸上用黄色蜡笔画一只鸟，再将橙色的玻璃纸盖在所画的鸟上。结果我们发现，黄色的鸟看不见了。

这是因为橙色里面包含着黄色，所以，玻璃纸的橙色会和鸟的黄色相混合，使我们的眼睛无法明显地辨别出来。就像动物的外表颜色与周围环境相类似，不容易被其他生物发现一样。我们称之为动物的保护色。很多动物有保护色，类似豹子的花纹和青蛙的绿色外表，还有许多动物会变色。自然界里有许多生物就是靠保护色躲避敌人，在生存竞争当中保护自己的。

沙漠里的动物，大多数都有微黄的“沙漠色”作为它们的特征。北方雪地上的所有动物，北极熊、海燕都披上了一层白色，它们在雪的背景上几乎看不出来。

有保护色的豹子

动物的拟态是指一种生物在形态、行为等特征上模拟另一种生物，从而使一方或双方受益的生态适应现象。是动物在自然界长期演化中形成的特殊行为。

水生动物也是这样，水母和水里的其他透明动物，像蠕虫、虾类、软体动物等，它们的保护色是完全无色而透明的，使敌人在那无色透明的自然环境里看不见它们。

动物的保护色会变化

通过上面的叙述，我们已经知道，动物的保护色能瞒过敌人的眼睛，以保护自己。下面我们来看看会变化的动物保护色。

我们首先准备好各种颜色的吸管（红、绿、褐、白、黄等），4根一头削尖的木棒，一团绳子，一根卷尺。然后用木棒和绳子在草地上搭出一块边长约6米的正方形的方块。将吸管剪成13毫米长的小段，各种颜色各准备20段。请人帮忙，将各种颜色的小吸管尽可能均匀地撒在方块内的草坪上。在5分钟内尽量多地将小吸管捡起来。

当我们在捡拾吸管的时候发现，有些颜色的吸管很容易被发现，而有些颜色的吸管不容易被发现。到最后，你甚至无法找到所有的吸管。

这是因为绿草的颜色和绿色吸管的颜色相似，所以绿色吸管不容易被找到。此外，和草的影子颜色相似的小吸管也不易被发现。动物常利用自己身体和周围色彩相似的特点来躲避敌人，保护自己。

在长期的险恶环境中生存的野兔，它们的毛色都是土黄色的，这种颜色也是秋天大部分草木的颜色，所以野兔可以借此来逃避许多天敌的危害。变色龙是蜥蜴的一种，是典型的具有保护色的动物。它能在周围环境对光线的反射中迅速地改变体色，变成树干或树叶的颜色来保护自己。

许多动物还能按照周围条件的变动来改变保护色的色调。在雪的背景上不易察觉的银鼠如果不随着雪的融化而改变自己毛皮的颜色，那它就会失去保护色的保护。因此在春天，这种白色小动物会换上一身红褐色的新毛皮，使自己的颜色跟那新从雪里裸露出来的土壤的颜色打成一片。随着冬季的来临，它们又穿上了雪白的冬衣，重新变成白色。

现实生活中，人们受到动物利用保护色来保护自己在险恶的环境下免受敌人的袭击的启示，研制出了很多有利于人们生存的物品，例如，军队学习了动物的保护色，出现了迷彩森林服，迷彩沙漠服，以适应不同的作战环境。

知识链接

动物除了用保护色保护自己以外，还有一些动物有另外的自保方法。例如，有一些动物当遇到危险时，它们会主动丢掉肢体或尾巴，来保护自己免受掠食者的攻击，这在科学术语上，叫“自割”或“自切”。多数情况下，动物丢掉的肢体或尾巴会重新长出来。

蜥蜴和蛇是最有名的自切动物，自切对它们来说就像是家常便饭。西班牙梯蛇可以通过猛烈摆动和旋转身体来切断自己的尾巴。科学家于2010年公布的一项调查结果显示，多达20%的成年西班牙梯蛇都没有尾巴。而有些种类的蜥蜴则更加神奇，它们色彩亮丽的尾巴在脱离身体后仍然能继续摇摆，它们这样做的目的被认为是要分散天敌的注意力。

能变化的鸡蛋

NENGBIANHUADEJIDAN

同学们可曾见过这样的情形，当把一枚新鲜的鸡蛋放在某些液体物质中，放置一段时间，鸡蛋的大小改变了。这是怎么回事呢？是这些液体有神奇的魔力吗？下面我们就一起来探个究竟。

鸡蛋怎么变大了

实验准备：一枚新鲜的蛋，一只有盖子的广口瓶（蛋能放进去），一瓶白醋，一根卷尺。

实验步骤：用卷尺测量蛋中央部分的周长并记录下来，也记下蛋的外观。将蛋轻轻放入瓶中，注意别将蛋打破了。往瓶内倒入白醋，将蛋完全淹没，然后盖上盖子。马上观察刚放进去的蛋，并在接下来的72小时里每隔一段时间便加以观察。72小时以后取出蛋，再测量其中央部分的周长，并比较这枚蛋在泡醋前后的外观变化。是否发现蛋变大了呢？将泡过醋的蛋留下来，以便做下一个实验。

泡在白醋里的鸡蛋

知识链接

细胞膜是选择透过性膜。半透膜是指一些物质（一般是小分子物质）能透过，而另一些物质不能透过的多孔性薄膜，如水分子可以透过玻璃纸，而蔗糖分子则不能。选择透过性膜是指水分子可以自由通过，细胞要选择吸收的离子、小分子可以通过，而其他的离子、小分子和大分子则不能通过的膜，并且只有活的生物膜才是选择透过性膜。物质能否透过半透膜取决于物质分子与膜孔大小的关系；而能否透过选择透过性膜则一般取决于膜上载体蛋白的种类。因此，可以说选择透过性膜相当于半透膜，反之则不然。

是什么造成鸡蛋的体积变大了呢？经过研究证明，蛋有坚硬的蛋壳，而蛋中央部分的周长也会不同。当你倒入醋把蛋淹没时，蛋的表面会立刻起泡，气泡的数量随时间的增加而增加。72小时以后，蛋壳会部分消失，部分浮在醋的表面上。蛋液会被透明但看得见的膜包裹着。此时，蛋会变大。

其实，蛋壳是由碳酸钙构成的。醋和碳酸钙会起化学反应，并产生二氧化碳气体，本实验中蛋表面起的泡就是二氧化碳。而蛋壳内侧包裹着蛋的膜则不会被醋溶解，在醋的作用下反而弹性更好。由于渗透作用，水分总是向溶液浓度大的一方

移动，水能通过细胞膜而渗透入蛋里，所以蛋会变大，而蛋液不会渗透出去。像这种对所通过的物质有所选择的特性，就称为膜的“半透性”。人体中的细胞膜也具有这种半透性。

鸡蛋变小的原因

通过上面的实验，我们知道了鸡蛋变大的原因，那么，鸡蛋变小又是什么原因造成的呢?

同样，我们先来做一个小实验。将上述试验中用过的鸡蛋作为本次实验的材料之一，再准备一只有盖子的广口瓶（蛋能放入），一瓶糖浆。

将糖浆倒进广口瓶内，倒至约7.5厘米的高度。然后，把蛋轻轻地放进瓶子中，盖上瓶盖，静置72小时。观察蛋的外观和大小，结果发现，蛋的大小和形状有明显的变化。蛋膜会变得黏黏的，蛋内只剩下少许蛋汁。

这是因为蛋内充足的水分会通过细胞膜进入糖浆。因为糖浆内的水分比蛋内的水分少，所以蛋内的水分就会往糖浆内移动。除了水以外，糖分子和蛋液中的其他物质的分子都很大，都无法通过细胞膜。这种特性，也是细胞膜的“半透性”特点造成的。

新鲜的水煮白鸡蛋

泡在糖浆里的鸡蛋

鸡蛋的营养价值

鸡蛋是人类理想的天然食品，含丰富的优质蛋白，每100克鸡蛋含13克蛋白质。鸡蛋蛋白质的消化率在牛奶、猪肉、牛肉和大米中也是最高的。

在吃法上也应注意科学。对于老年人来说，吃鸡蛋应以煮、卧、蒸、甩为好，因为煎、炒、炸虽然好吃，但较难以消化。如将鸡蛋加工成咸蛋后，其含钙量会明显增加，特别适宜于骨质疏松的中老年人食用。还应提醒的是，切莫吃生鸡蛋，有人认为吃生鸡蛋营养好，这种看法是不科学的。

骆驼有两种，有一个驼峰的单峰骆驼和两个驼峰的双峰骆驼。单峰骆驼比较高大，在沙漠中能走能跑，可以运货，也能驮人。双峰骆驼四肢粗短，更适合在沙砾和雪地上行走。

沙漠里的生存者

SHAMOLIDESHENGCUNZHE

骆驼这种动物，对人非常忠诚，它和其它动物不一样，特别耐饥耐渴，人们能骑着骆驼横穿沙漠。骆驼有着“沙漠之舟”的美称。也许同学们禁不住会问，为什么骆驼能在无边无际的沙漠长途跋涉，还能充当人类在沙漠中忠诚的搬运工呢？

骆驼为什么能在沙漠生存

同学们先准备实验材料：一面有手柄的镜子，然后朝镜子呼气。结果我们会发现，镜子上有细小的水滴产生，并变得模糊。

其实，不论是骆驼还是人，呼出来的气体中都含有水蒸气。这些水蒸气一部分会跑到鼻子外的空气中，一部分则会留在鼻呼吸道内。人的鼻呼吸道短而直，而骆驼的则长而弯曲。所以骆驼呼出的水蒸气大部分会留在鼻子里，而不会散发到体外。因此，即使很长一段时间不喝水，骆驼也能生存。

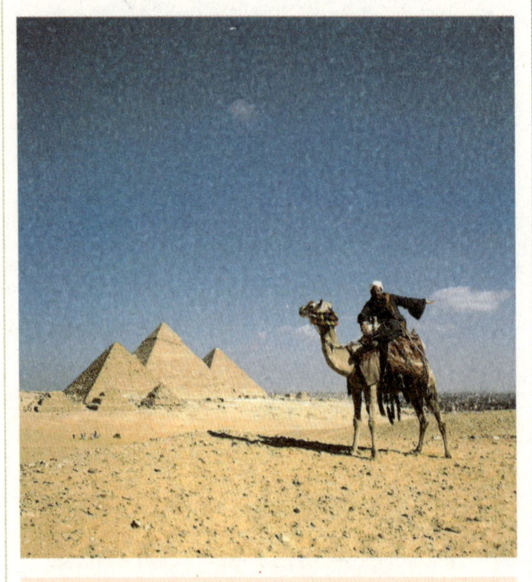

沙漠里的骆驼

骆驼是沙漠里最重要的交通工具

上面这个小实验，只是直观地向我们展示了骆驼的鼻呼吸道的构造特殊，防止骆驼体内的一部分水分流失。除此之外，还有其他的因素，造成骆驼能在沙漠中长期生存下来。

骆驼的驼峰里贮存着脂肪，这些脂肪在骆驼得不到食物的时候，能够分解成骆驼身体所需要的养分，供骆驼生存需要。骆驼能够连续四五天不进食，就是靠驼峰里的脂肪。另外，骆驼的胃里有许多瓶子形状的小泡泡，那是骆驼贮存水的地方，这些“瓶子”里的水使骆驼即使几天不喝水，也不会有生命危险。

适应恶劣的沙漠环境的体型

骆驼的一些外部体型特征，也决定了

骆驼能够适应复杂恶劣的沙漠环境。骆驼的耳朵里有毛，能阻挡风沙进入；骆驼有双重眼睑和浓密的长睫毛，可防止风沙进入眼睛；骆驼的鼻子还能自由关闭。这些“装备”使骆驼一点也不怕风沙。

另外，沙地软软的，人脚踩上去很容易陷入，而骆驼的脚掌扁平，脚下有又厚又软的肉垫子，这样的脚掌使骆驼在沙地上行走自如，不会陷入沙中。骆驼的皮毛很厚实，冬天沙漠地带非常寒冷，骆驼的皮毛对保持体温极为有利。骆驼熟悉沙漠里的气候，有大风快袭来时，它就会跪下，提醒行走在沙漠中的人预先做好准备。骆驼走得很慢，但可以驮很多东西。它是沙漠里重要的交通工具，人们把它看做渡过沙漠之海的航船。

白天躲起来的沙漠动物

我们了解了沙漠中的“英雄”——骆驼，同学们还知道沙漠中的哪些动物呢？它们有什么样的特征？那些不如骆驼坚强的沙漠动物，白天为什么大都躲在洞里？下面我们就通过做实验来解释大家的这个疑问。

生活在沙漠里的沙蜥

准备材料：两支室外温度计，一把铲子，一条白毛巾。

实验步骤：在有阳光的日子里，用铲子挖个大约10厘米深的洞，使温度计能够插入。将一只温度计插入洞里，然后用白毛巾盖在洞口。另一支温度计放在地面上。5分钟以后，观察这两支温度计上的读数。注意，当取出放在洞里的温度计时，要迅速读取读数。测试结果显示，洞里的温度比地面低。

我们知道阳光会使万物变暖，所以温度计里的液体也不例外。当阳光直射在地面上时，地表的温度会上升。洞中的泥土因为没有受到阳光的直接照射，所以温度更低。沙漠中的动物之所以会在土中挖洞，就是用来躲避白天地表的炎热。毕竟，并不是所有的沙漠动物，都能像骆驼那样坚强，不怕风吹日晒。

知识链接

沙漠地区，气候干燥，雨量稀少，年降水量很少，气候异常恶劣。沙漠地区的蒸发量很大，远远超过当地的降水量；空气的湿度偏低，相对湿度可低至5%。

沙漠气候变化颇大，平均年温差一般超过30摄氏度；绝对温度的差异，更往往在50摄氏度以上；日温差变化极为显著，夏秋午间近地表温度可达有60~80摄氏度，夜间却可降至10摄氏度以下。沙漠地区经常晴空，万里无云，风力强劲，最大风力可达飓风程度。

废水从不同角度有不同的分类方法。据不同来源分为生活废水和工业废水两大类；据污染物的化学类别又可分无机废水与有机废水。

水污染对生物的影响

SHUIWURANDUISHENGWUDEYINGXIANG

随着经济社会的快速发展，人们除了享受到它带来的各种成果之外，同时也尝尽了发展带来的各种各样的危害人类健康的副产品。大气污染、水污染在我们的生活中随处可见。那么，究竟水污染带来了哪些危害呢？水污染对生活在水中的生物有什么影响呢？下面我们就来具体的了解下。

知识链接

早在18世纪，英国由于只注重工业发展，而忽视了水资源保护，大量的工业废水废渣倾入江河，造成泰晤士河污染，基本丧失了利用价值，从而制约了经济的发展，同时也影响到人们的健康和生存。之后经过百余年治理，投资5亿多英镑，直到20世纪70年代，泰晤士河的水质才得到改善。

塑料品对海洋动物的污染

同学们先来准备实验材料：一根橡皮筋。

接下来，将橡皮筋的一端勾在小指上，另一端勾在拇指上。不依靠外力的帮助，想办法将勾在手指上的橡皮筋脱掉。试想一下，海豹和鱼类都没有手。如果塑料圈缠绕在它们身上的话，它们怎样才能挣脱呢？那么，被丢弃在海洋中的塑料垃圾，又会对海洋生物造成哪些影响呢？

同学们知道，要将勾在手指上的橡皮筋拿掉是非常困难的。同样地，海豹、鱼和其他海洋生物想要将套在身上的塑料圈摆脱也是件很不容易的事。并且垃圾中的各类塑料制品对海洋动物都是致命的。海龟会一口吞下塑料袋，因为它会把塑料袋误认为是海蛰，结果其消化道会被塞住，最后导致海龟死亡。

水中的垃圾

那些身体被塑料圈缠住的海洋动物，通常无法将缠在身上的塑料圈挣脱，最后也会死去。据研究，要将海洋中现有的塑料类垃圾分解掉将花费300年以上的时间，但被塑料圈套住或缠住的海洋动物却无法活这么久。所以，我们必须行动起来，保护海洋不受污染。

洗涤剂污染对鸟类的影响

我们再来看看，日常生活和工

人类的活动会使大量的工业、农业和生活废弃物排入水中，使水受到污染。目前，全世界每年约有4200多亿立方米的污水排入江河湖海，污染了5.5万亿立方米的淡水，这相当于全球径流总量的14%以上。

业生产排放的含洗涤剂的污水，对生物有什么影响。准备材料：一只透明玻璃碗（1升），一只量杯（250毫升），一些食用油，一些洗衣粉，一把茶匙（5毫升）。

实验步骤：在玻璃碗里倒入一量杯的水，往水里加入一茶匙的食用油。观察水的表面。再将两茶匙的洗衣粉撒入玻璃碗里，轻轻地搅拌碗里的液体，但不要使液体产生泡沫。再次观察液体的表面。

实验结果发现：在倒入洗衣粉之前，先倒入的油会在水面上产生很大的圆圈，并且会在水面上不断地扩大。倒入洗衣粉以后，一部分的油圈会消失，而剩余的油会分散成小泡沫浮在水面上。

上述现象的出现是因为，水比油重，水和油无法混合，因此油会浮在水面上。洗衣粉的分子，一端会和水分子结合，另一端则会和油分子结合。所以，当加入洗衣粉后，原先水面上的油圈就会消失，这是因为洗衣粉分子的作用使水和油互相混合了。

水禽类动物可浮在水面上，是因为其羽毛的表面有层防水的油脂。一旦水禽进入含有高浓度洗涤剂的水域时，羽毛上的天然油脂就会变成小颗粒，使水渗透到羽毛内。羽毛的防水性一旦消失后，水禽就会变得很重，最后会沉入水中死去。

河流污染对水中生物的潜在影响

最后，我们再来做一个小实验，看看河流污染会对水体及水中生物造成什么样的影响。

被污染的水

实验准备材料：一只透明的塑料瓶（4升），一只量杯（250毫升），一些红色食用色素，一根滴管。

实验步骤：往塑料瓶里灌进半量杯的水，再滴入两滴红色食用色素，并搅拌均匀。然后用量杯往塑料瓶里加水，直到红色消失为止。并记下加了几杯水。

实验结果显示，大约要倒入7杯水，才能让瓶中的红色完全消失。

探究原因：最初瓶里的水会呈现出红色，这是因为红色素的分子密集在一起，红色能很明显地看出来。再加入清水时，红色分子会均衡地分布在水里，红色分子数量不变，但分子间的距离变大。到最后，因为色素分子彼此都离得很远，而单独的分子又太小，肉眼很难看清其颜色。

将污染物质倒进河流时，开始可以很清楚地看见污染物，当污染物流向下游时，就会和河水渐渐混合在一起，最后连肉眼也无法看见了。虽然肉眼看不见污染物，但污染物实际上并未消失。因此，在离污染源很远的下游，河里的生物仍然会受到污染物的影响。

手指也能当放大镜

SHOUZHIYENENGDANGFANGDAJING

手指怎么能当放大镜呢？看到这个题目，同学们一定会有这样的疑问。究竟是手指本身真的可以作为放大镜呢？还是我们的眼睛出现了暂时性的偏差，以至于看物体时好像用了放大镜一样？带着这些疑问，我们不妨动手做一些实验，探究其中的原委。

手指也能当放大镜

实验所用的材料很简单，只需要一张报纸。

实验步骤：将一只手的食指与拇指圈成一个小洞，洞的大小与圆珠笔的笔杆一样粗。另一只手将报纸靠近眼前，使报纸上的字看起来刚好有些模糊。然后闭上一只眼睛，用另一只眼睛透过拇指和食指圈成的小洞来看报纸上的字。

实验结果发现，报纸上原先模糊的字能看得更清楚了。这是怎么回事呢？

放大镜

知识链接

眼睛中的虹膜呈圆盘状，中间有一个小圆孔，这就是我们所说的瞳孔，也叫“瞳仁”。瞳孔的正常值是3~4毫米，它在亮光处缩小，在暗光处散大。在虹膜中有两种细小的肌肉，一种叫瞳孔括约肌，它围绕在瞳孔的周围，宽不足1毫米，它主管瞳孔的缩小，受动眼神经中的副交感神经支配；另一种叫瞳孔开大肌，它在虹膜中呈放射状排列，主管瞳孔的开大，受交感神经支配。这两条肌肉相互协调，彼此制约，一张一缩，以适应各种不同的环境。

原来，光线由报纸反射到我们的眼睛里，使我们能看到报纸上的字。当报纸越来越靠近眼睛时，会有越来越多的光从各个方向反射入眼睛，使字看上去显得模糊。当你闭上一只眼睛时，瞳孔接收的光线变少，再用手指圈成的小洞来挡住眼睛周围，就可以阻挡大部分的光线。由于只有少量的光进入眼睛，因此实物会在视网膜上形成较清晰的影像。

说到瞳孔，它就像照相机里的光圈一样，可以随光线的强弱而缩小或变大。我们在照相的时候都知道，光线强烈的时候，把光圈开小一点，光线暗时则把光圈开大一点，始终让足够的光线通过光圈进入相机，并使底片曝光，但又不让过强的光线损坏底片。瞳孔也具有这样的功能，只不过它对光线强弱的适应是自动完成的。通过瞳孔的调节，始终保持适量的光线进入眼睛，使落在视网膜上的物体

瞳孔是动物或人眼睛内虹膜中心的小圆孔，为光线进入眼睛的通道。虹膜上平滑肌的伸缩，可以使瞳孔的口径缩小或放大，控制进入瞳孔的光量。

形像既清晰，而又不会有过量的光线灼伤视网膜。

光线强弱对瞳孔大小的影响

在上面的实验中，我们知道瞳孔接收光线的多少影响我们看到的物体的清晰度。那么，光线的强弱对瞳孔有什么影响呢？下面我们同样用实验的方法来直观的解释这一个疑问。

这个实验所需的材料也很简单，就是一面镜子。在明亮的屋子里站两分钟，紧闭一只眼，张开另一只眼。用张开的那只眼看镜子里你的瞳孔（就是眼珠中心的小圆孔）大小。然后张开原先闭着的那只眼睛，立刻在镜子里观察那只眼睛的瞳孔大小。实验结果显示，原先闭着的那只眼睛的瞳孔比一直张着的那只眼睛的瞳孔大。但是几秒钟以后，它也会变小。

原来，瞳孔的放大、缩小主要是由光线的强弱引起的。长时间处于光线强的状态下，瞳孔就会缩小；在光线弱的情况下，瞳孔就会放大。这是因为在虹膜中有两种细小的肌肉，一种叫瞳孔括约肌，它围绕在瞳孔的周围，主管瞳孔的缩小；另一种叫瞳孔开大肌，它在虹膜中呈放射状排列，主管瞳孔的开大。这两条肌肉相互协调，彼此制约，一张一缩，以适应各种不同的环境。瞳孔的变化范围可以非常大，当极度收缩时，人眼瞳孔的直径可小于1毫米，而极度扩大时，可大于9毫米。通过瞳孔的调节，始终保持适量的光线进入眼睛，使落在视网膜上的物体影像既清晰，而又不会有过量的光线灼伤视网膜。

人的眼睛

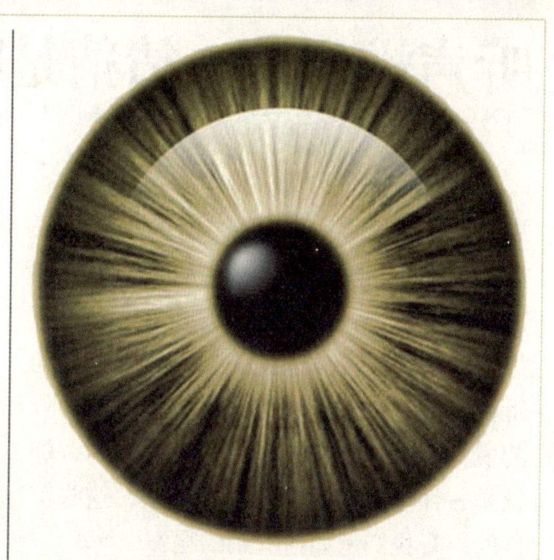

瞳　孔

一般来说，老年人的瞳孔比较小，而幼儿与成年人的瞳孔较大，尤其在青春期时瞳孔最大。近视眼患者的瞳孔大于远视眼患者。情绪紧张、激动时瞳孔会开大，深呼吸、脑力劳动、睡眠时瞳孔就缩小。

耳朵位于眼睛后面，它具有辨别振动的功能，能将振动发出的声音转换成神经信号，然后传给大脑。在脑中，这些信号又被翻译成我们可以理解的词语、音乐和其他声音。

听声辨位——猜猜是哪里发出的声音

TINGSHENGBIANWEI—CAICAISHINALIFACHUDESHENGYIN

当你走进大自然，那里有各种美妙的声音，鸟鸣风吟、高山流水让我们神清气爽。当你回到现实的社会生活，这里有丰富的人造音乐，它为疲累的心灵解乏，使烦躁的心情愉悦。试想一下，如果没有动听悦耳的声音装点我们的生活，或者动听的悦耳的声音我们听不到也感受不到，那该是一件多么遗憾的事啊！那么，这些美妙的声音我们是如何听到的呢？

耳朵为什么能听到声音

实验准备材料：一把金属汤匙，一根风筝线（60厘米长），一把尺子。

> **知识链接**
>
> **几个不良习惯对耳朵的影响**
>
> 挖耳，俗话说："耳不挖不聋"，确实有一定的道理。因其可能造成耳道壁的损伤，严重的会伤及中耳和内耳，致使耳聋。另外。家长应教育儿童勿将诸如豆类、珠子和果核等塞入耳道。捏紧双鼻用力猛擤，不正确擤鼻有可能把鼻涕擤到中耳里去。正确的方法是用手指按住一侧鼻孔，分次运气，压力不宜过大，一侧擤完了，再擤另一侧。

实验步骤：将汤匙柄绑在风筝线的中央，把风筝线的一端分别缠在左手和右手的食指上，两边的线要一样长。然后将左手和右手的食指前端塞进耳朵里，身体稍微向前倾斜，让汤匙自由悬挂，使汤匙的一端敲打到桌子的边缘，这时你会听到"当——当"的声音。

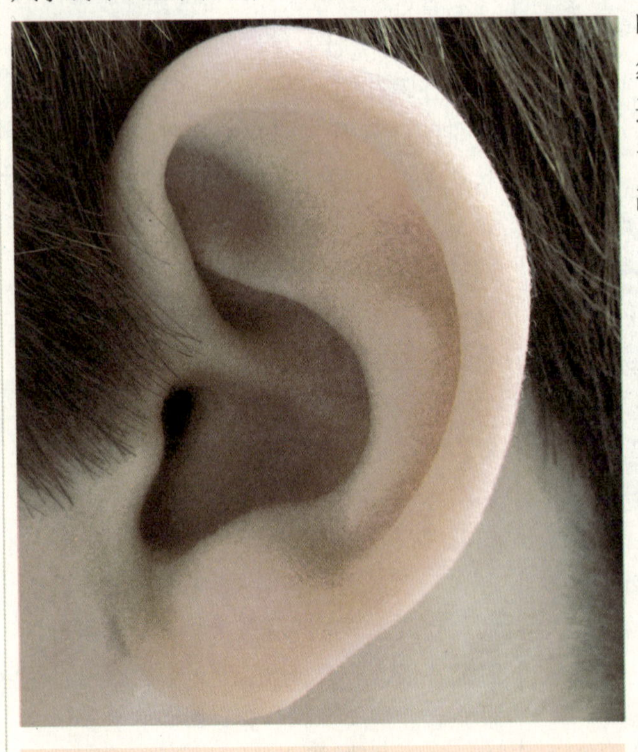
耳朵的特写

那么，这些声音是怎么发出的？耳朵又是怎么听到的呢？原来，当汤匙碰到桌子时，汤匙中的金属会开始振动，这种振动会通过风筝线传到耳朵。振动的物体都会产生声音，物体的振动会使物体周围的空气发生振动。振动的空气分子进入耳朵，使耳朵的鼓膜也产生振动。通过耳朵里的骨头和液体，振动传达到神经，再由神经向大脑发出讯号。这样，人就能听到声音了。

人的耳朵后有一块动耳肌，在神经支配下可以活动。只不过有的人动耳肌退化了，耳朵就不会动了；而有的人动耳肌没退化，所以耳朵会动。动耳肌没退化的人实属少数。

听声辩位

实验准备材料：4只大纸盒，4粒弹珠，一张厚纸片，一卷胶带纸，一支笔，一把剪刀，两只小盒子（能放入大纸盒）。

实验步骤：用厚纸片剪两张纸条，纸条的宽度要与纸盒的高度相等。其中一张纸条的长度与大纸盒的对角线的长度相等，而另一张纸条的长度与纸盒的宽度相等。在一只大纸盒上写上“A”，将与对角线等长的那张纸条顺着对角线的方向放入，用胶带纸固定好。再将弹珠放进纸盒，盖上盖子，用胶带纸将纸盒封好。在另一只大纸盒上写上“B”，将另一张纸条放在纸盒的中央，并用胶带纸固定。把弹珠放进纸盒，盖上盖子，也用胶带纸封好盒子。在剩下的两只大纸盒上分别写上“C”、“D”。将小盒子放进“C”、“D”的大纸盒里，并用胶带纸固定好。再分别在大纸盒里放一粒弹珠。

将4只大纸盒的位置打乱，再在桌上依次前后移动大纸盒，使大纸盒里的弹珠滚动起来。同时你背对桌子，根据所听到的声音来推测大纸盒的编号。从弹珠滚动的声音中，看能否推测出大纸盒里的结构，并进而说出大纸盒的编号。

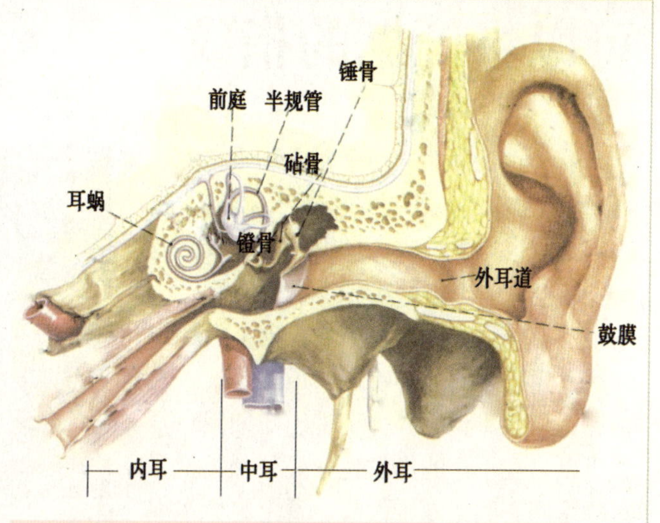

耳朵构造示意图

人的耳朵的构造

人的耳朵包括外耳、中耳和内耳三部分。外耳由耳廓和外耳道组成。耳廓有收集声波的作用，外耳道是声波传入中耳的通道。中耳包括鼓膜、鼓室和听小骨。鼓膜在外耳道的末端，是一片椭圆形的薄膜，厚仅0.1毫米。当外面的声波传入时能产生振动，把声波转变成多种振动的“密码”传向后面的鼓室。

鼓室是一个能使声音变得柔和而动听的小腔，腔内有3块听小骨。听小骨能把鼓膜的振动波传给内耳，传导过程中还能像放大器一样把声音信号放大十多倍，所以即使很轻微的声音也能听到。

内耳由耳蜗、前庭和半规管组成。耳 蜗是一条盘成蜗牛状的螺旋管道，内部有产生听觉的基底膜。基底膜上大约有2.4万根听神经纤维，这些纤维上附载着许多听觉细胞。当声音振动波由听小骨传给听觉细胞，产生神经冲动，由听觉细胞把这种冲动传到大脑皮层的听觉中枢，形成听觉，使人能听到来自外界的各种声音。

指纹，也称为手印，有广义狭义之分。狭义的指纹指人的手指第一节手掌面皮肤上的乳突线花纹；广义指纹包括指头纹、指节纹和掌纹。

可以当证据的指纹

KEYIDANGZHENGJUDEZHIWEN

指纹在胎儿第3～4个月便开始产生，到第6个月左右就形成了。当婴儿长大成人，指纹也只不过放大增粗，它的纹样基本不会变。人的皮肤由表皮、真皮和皮下组织三部分组成。指纹就是表皮上突起的纹线，由于人的遗传特性，虽然指纹人人皆有，但各不相同。伸出手，仔细观察，就可以发现小小的指纹也分好几种类型，有的是同心圆或螺旋纹线。看上去像水中漩涡的，叫斗形纹；有的纹线是一边开口的，就像簸箕似的，叫箕形纹；有的纹形像弓一样，叫弓线纹。各人的指纹除形状不同之外，纹形的多少、长短也不同。据说，世界上现在还没有发现两个指纹完全相同的人。

指纹的形成

在皮肤发育过程中，虽然表皮、真皮以及基质层都在共同成长，但柔软的皮下组织长得比相对坚硬的表皮快，因此会对表皮产生源源不断的上顶压力，迫使长得较慢的表皮向内层组织收缩塌陷，逐渐变弯打皱，以减轻皮下组织施加给它的压力。这样，一方面使劲向上攻，一方面被迫往下撤，导致表皮长得曲曲弯弯，坑洼不平，形成纹路。这种变弯打皱的过程随着内层组织产生的上层压力的变化而波动起伏，形成凹凸不平的脊纹或皱褶，直到发育过程终止，最终定型为至死不变的指纹。

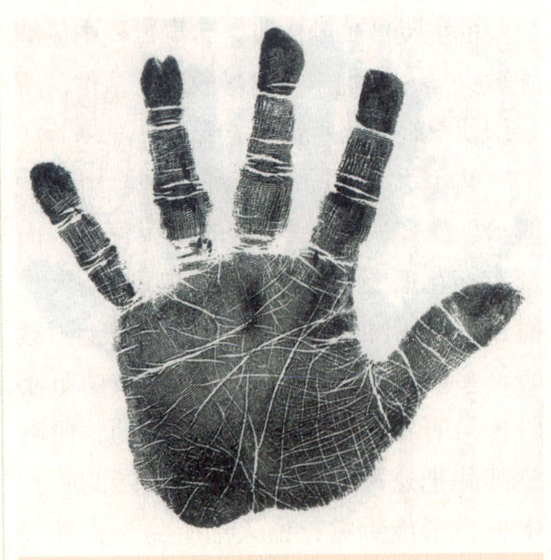

掌　纹

知识链接

中国是最早发现指纹因人而异的国家，据史书记载，远在3000年前的西周，中国人已利用指纹来签文书、立契约了。中非洲的一些土著部落在1000年前也会运用指纹订立契约，不过他们不像中国人使用大拇指，而是动用食指。另外据传，警察在一百多年前就开始利用指纹破案。

独一无二的指纹

指纹的复杂度足以提供用于鉴别它们自身的特征。指纹除了具有唯一性外，还具有遗传性和不变性。指纹是人类手指末端指腹上由凹凸的皮肤所形成的纹路。它能使手在接触物件时增加摩擦力，从而更容易发力及抓紧物件，它是人类进化过程中自然形成的。

目前尚未发现有不同的人拥有相同

指纹有斗型、弓型和箕型3种基本类型，它是皮下组织对指肚表皮顶压方向的不同造成的不同的类型。研究表明，如果某人指头肚高而圆，其指纹的纹路将是螺旋型。

的指纹，所以每个人的指纹都是独一无二的。

文章开篇我们已经提到指纹的形成期，其实，指纹的形成除了主要受到遗传因素的影响外，也有环境因素，当胎儿在母体内发育3~4个月时，指纹就已经形成，但儿童在成长期间指纹会略有改变，直到青春期14岁左右才会定型。有人说骨髓移植后指纹会改变，这种说法是不对的。除非是植皮或者深达基底层的损伤，否则指纹是不会变的。

指纹的“本领”

你可别小看指纹，但它的用途很大。指纹由皮肤上许多小颗粒排列组成，这些小颗粒感觉非常敏锐，只要用手触摸物体，就会立即把感觉到的冷、热、软、硬等各种“情报”通报给大脑这个司令部，然后，大脑根据这些“情报”，发号施令，指挥动作。指纹还具有增强皮肤摩擦的作用，我们平时画图、写字、拿工具、做手工，之所以能够那么得心应手、运用自如，这里面就有指纹的功劳。

用微型X光荧光成像的人类指纹

指纹扫描

手指留下印痕主要是由于在人的手指、手掌面的皮肤上，存在有大量的汗腺和皮脂腺。只要生命活动存在，就不断地有汗液、皮脂液排出，有点像原子印章不断有油墨渗到印文表面。当手指、手掌接触到物体表面时，就会像原子印章一样自动留下印痕。这也就是为什么手指、手掌本身能留下指纹的原因。如果手指、手掌粘上其它液体物质，如头面部的油脂、血液和按指纹的油墨时，留下指纹的原理就更像盖普通印章。由于指纹是每个人独有的标记，所以，在侦察破案时，罪犯在犯案现场留下的指纹，均成为警方追捕疑犯的重要线索。如今鉴别指纹方法已经电脑化，使鉴别程序更快更准确。警察在办案时搜寻指纹的范围主要有犯罪活动中心、现场的进出口及其周围、犯罪分子可能接触过的物品，犯罪分子遗留在现场上的各种凶器和物品。

阳光对人类皮肤的作用

YANGGUANGDUIRENLEIPIFUDEZUOYONG

炎炎夏日，烈日当头。为了防止被太阳晒伤晒黑，人们或撑着五颜六色的太阳伞，或穿着色彩缤纷的防晒衣；在使用这些防晒工具之前，很多爱美人士还会使用防晒护肤品。那么，太阳为什么能晒伤晒黑我们的皮肤呢？

皮肤为什么会晒黑

实验准备材料：一片创可贴。

实验步骤：把创可贴在一个手指上贴两天，然后取下创可贴，观察手指皮肤的颜色。结果我们发现，用创可贴包过的那圈皮肤颜色变白了。这是为什么呢？

原来，黑色素是皮肤或者毛发中存在的一种黑褐色的色素，它是由一种特殊的细胞即黑色素细胞合成的。黑色素是肌肤因避免受紫外线的伤害而自行产生的一种

日光浴

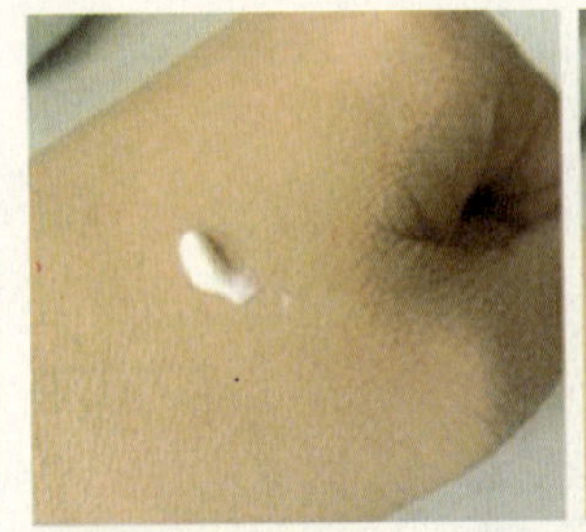
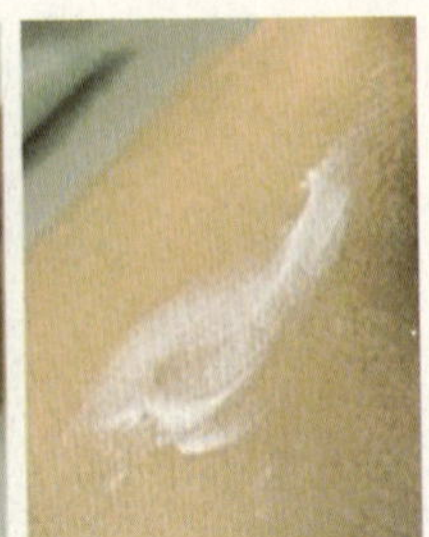
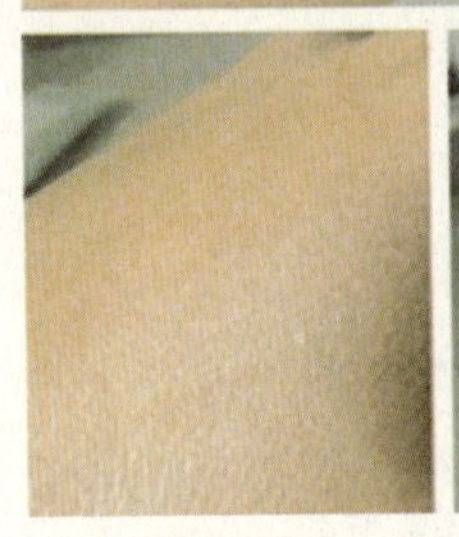
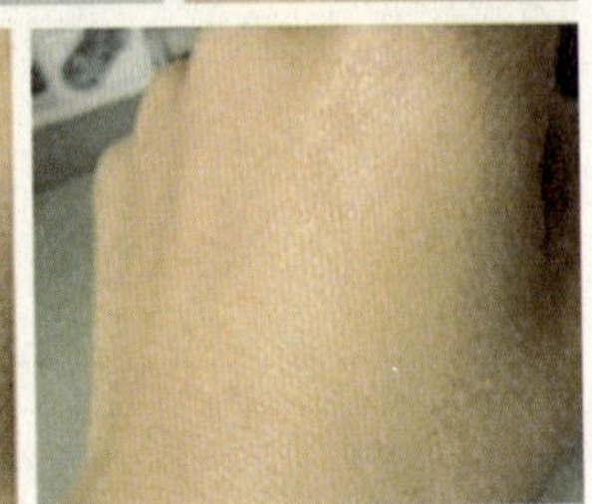

涂抹防晒护肤品

物质。如果体内黑色素合成能力降低了，皮肤就会变得敏感。皮肤的黑色素细胞主要分布在表皮的基底层。人的表皮约有20亿个黑色素细胞，重约1克，平均每平方毫米有1560个黑色素细胞均匀分布于全身。不晒太阳时，黑色素便沉积在皮肤下面，所以皮肤的颜色显得较白。而晒过太阳后，为避免紫外线的伤害，黑色素会作用于皮肤表面，所以肤色就显得较黑。

事实上，由于人体皮肤中含有的黑色素含量不同，所以人体表现出不同的肤色。黑种人皮肤的黑色素最多，黄种人皮肤中的黑色素较少，而白种人皮肤中的黑色素最少。患白化病的患者由于机体中缺少一种酶，所以患者体内的黑色素细胞不能变成黑色素。因此患白化病的患者通常皮肤、眉毛、头发及其他体毛都呈白色或

白里带黄。

紫外线过敏的防护措施

一进入夏季，人的手上、胳膊、脚上就会出现很多小疙瘩，很痒，有时手上起小水泡。其实，这种症状的常见原因就是对紫外线的光敏感。光敏感主要表现在光暴露的部位，能够照到的部位像脸部脖子的后面、侧面，以及胸前衣领裸露的地方，还有两只胳膊。如果这些地方起小疙瘩了，首先应考虑是光敏感。

对紫外线过敏的患者可以采用以下防护措施：适当外涂防晒剂，以保护皮肤免受各种波段紫外线和可见光的损伤；防止长时间曝晒，外出时，可用宽边防护帽或伞遮挡；要用含光感物质较多的化妆品，如香料等；多食含维生素A的食物及新鲜蔬菜和水果，以维持皮肤的正常功能；对一些可诱导季节性皮炎的光感性物质如油菜、菠菜、莴苣、无花果等，应尽量少吃或不吃；洗脸时尽量不用热水、碱性肥皂以及粗糙的毛巾。每天做面部美容操，其方法为：五指并拢，双掌摩擦微热后，轻轻按摩额、颧处肌肤以及鼻、耳部，持续3~5分钟，以促进面部血液循环，使面部皮肤光洁。

知识链接

紫外线的特点

优点：1.消毒杀菌；2.促进骨骼发育；3.对血色有益；4.偶尔可以治疗某些皮肤病；5.紫外线照射直接造成人体维生素D的合成，不照紫外线就没有足量的维生素D。

缺点：1.使皮肤老化产生皱纹；2.产生斑点；3.造成皮肤炎；4.造成皮肤癌；5.造成皮肤粗糙。

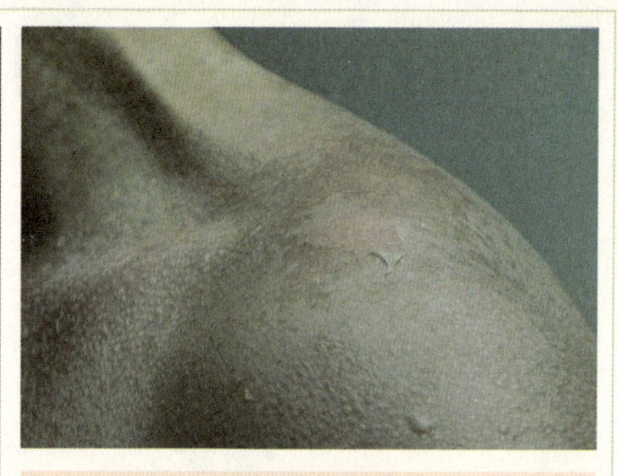

被晒伤的皮肤

皮肤细胞的新陈代谢过程

皮肤是人体最大的器官，总重量占体重的5~15%，总面积为1.5~2平方米，厚度因人或因部位而异，为0.5~4毫米。皮肤由表皮、真皮和皮下组织构成。表皮位于皮肤的表层，与外界接触最多。接下来，我们再看看皮肤细胞的新陈代谢过程。

实验准备材料：一块肥皂，一张砂纸，一张白纸。

实验步骤：将白纸放在桌上，在纸的上方，用砂纸轻轻摩擦肥皂。结果我们会发现，粗糙的砂纸会将肥皂擦下一些肥皂屑落在白纸上。

和这个实验中的肥皂一样，表皮会不停地被摩擦掉。但和肥皂不同的是，人体的表皮细胞一旦被摩擦脱落后，下面一层新的细胞就会替换脱落的细胞。人的皮肤受损伤时，细胞会加速生长，把伤口修补好。表皮细胞正常情况下的更新周期是28天，表皮死细胞会不断地脱落，形成皮屑。

淀粉酶是水解淀粉和糖原的酶类总称，由于演粉酶的交效性及专一性，人们通常利用淀粉酶催化水解织物上的淀粉浆料，淀粉酶退浆的退浆率高，退浆快，污染少，产品比酸法、碱法退浆更柔软且不损伤纤维。

口中的食物怎么变小了

KOUZHONGDESHIWUZENMEBIANXIAOLE

当你咀嚼食物的时候，食物在你的口中慢慢的变小了。是什么改变了口中食物的大小呢？下面我们通过小实验来了解一下食物变小的原因。

嘴里也会进行消化过程

实验准备材料：一块咸饼干，一瓶碘酒，一根滴管，两只玻璃杯，一把汤匙（15毫升）。

实验步骤：将咸饼干对半掰开，把半块饼干搓碎后放在一只干净的杯子里。然后往杯子里倒进两汤匙的水，搅匀，再加入3滴碘酒后搅拌，观察杯里颜色的变化。接下来，把另外半块咸饼干放进嘴里咀嚼一分钟，直到饼干变成泥状。然后将嘴里的饼干吐进另一只干净的杯子里，再往里加入两汤匙的水，搅匀。然后滴入3滴碘酒，搅匀，仔细观察杯里颜色的变化。结果我们发现，加入碘酒后，咸饼干和水的混合液呈暗紫色，而嚼碎的咸饼干和水的混合液呈浅紫色。

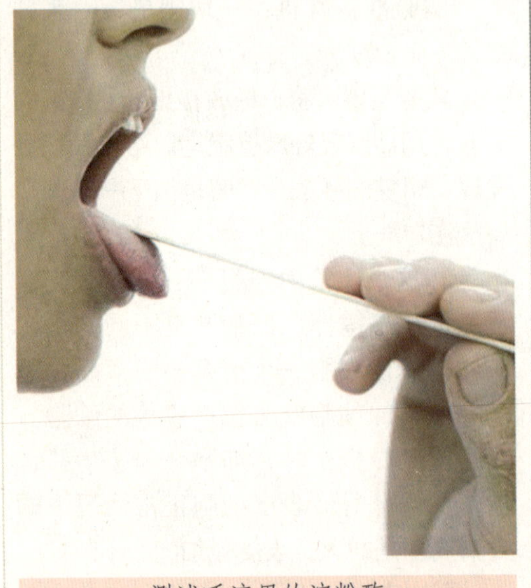

测试唾液里的淀粉酶

知识链接

有些人为了滋润口唇，喜欢用舌头去舔，其实这是一种不良的习惯，因为舔唇只能带来短暂的湿润，当这些唇部水分蒸发时会带走嘴唇内部更多的水分，使你的唇陷入“干——舔——更干——再舔”的恶性循环中，结果是越舔越痛，越舔越裂。同时唾液里面含有淀粉酶等物质，风一吹，水分蒸发了，带走热量，使唇部温度更低，淀粉酶就粘在唇上，会引起深部结缔组织的收缩，唇粘膜发皱，因而干燥得更厉害。严重者还会感染、肿胀，造成痛苦。

那么，是什么造成两个实验杯里的饼干颜色不一样呢？

因为碘酒和淀粉溶液结合，溶液会呈暗紫色，所以通常用碘酒来测试物质中是否含有淀粉。当嘴里的唾液和咸饼干混合后，唾液中含有的“淀粉酶”会将淀粉分子转化成葡萄糖。所以嚼碎的饼干中大部分的淀粉都被淀粉酶转化成葡萄糖了。由于碘酒与葡萄糖不会产生化学反应，往嚼碎的饼干和水的混合液中加入碘酒后，饼干中剩下的小量的淀粉会和碘酒作用，所以会呈现出淡紫色。从淀粉转化为葡萄糖是消化过程中的一部分，这个实验说明了在嘴里咀嚼食物也是一种消化过程。

人类对生物的研究和利用

RENLEIDUISHENGWUDEYANJIUHELIYONG

人类的生物工程包括发酵工程、酶工程、医学工程、农业工程、细胞工程、基因工程、仿生技术等等。凡是以有生命物质作为手段来影响或改变无生命现象，或用各种自然科学的方法、技术来影响或改变有生命现象的自然过程，以达到为人类服务的目的，都可以包含在生物工程范畴之内。

人类对生物的研究和利用成果越来越多，本章通过讲述一些重要的、有趣的生物工程案例和故事，来让读者认识到生物工程在我们生活中的重要性和发展前景。

蝴蝶身体表面生长着一层细小的鳞片，这些鳞片有调节体温的作用。每当气温上升、阳光直射时，鳞片自动张开，以减少阳光的辐射角度，从而减少对阳光热能的吸收，把体温控制在正常范围之内。

蝴蝶和卫星控温系统

HUDIEHEWEIXINGKONGWENXITONG

遨游太空的人造卫星，当受到阳光强烈照射时，卫星温度会高达200摄氏度；而在阴影区域，卫星温度会下降至零下200摄氏度左右，严重影响了卫星上的精密仪器仪表的正常使用，这一问题曾使航天科学家伤透了脑筋。

蝴蝶的鳞片

航天科学家们通过仔细研究，从蝴蝶身上受到启迪，逐步解决了这个问题。蝴蝶和人造卫星的温控系统有什么联系那？原来，蝴蝶身体表面生长着一层细小的鳞片，这些鳞片具有良好的调节体温的作用。每当气温上升、阳光直射时，蝴蝶身上的鳞片自动张开，以减少阳光的照射角度，从而减少对阳光热能的吸收；当外界气温下降时，鳞片自动闭合，紧贴体表，让阳光直射鳞片，从而把体温控制在正常范围之内。

从表面上看，蝴蝶的翅膀好似一点点细小的粉末构成的色彩。如果把蝴蝶的翅膀放到显微镜下看，就会看到这些粉末状的物质其实是一片一片的“瓦”，像鱼鳞一样，密密麻麻地排列在蝴蝶翅膀的上下两面，这就是蝴蝶的“鳞片”。

蝴　蝶

更重要的是，蝴蝶的鳞片是它的热转换器，能吸收和散发热量，维持正常的体温，是蝴蝶调节自身气温的保护伞。

这样，即便气温变化很大，蝴蝶依然能够把自己的体温控制在一个正常的范围内。小小的蝴蝶翅膀竟然有着如此巧妙绝伦的构造，这不能不说是大自然的杰作。

卫星的温控原理

科学家经过研究和不断的改进，为人造地球卫星设计了一种犹如蝴蝶鳞片般的控温系统，彻底解决了这一问题。

最终，蝴蝶的鳞片让科学家获取了灵感，他们设计了一种与蝴蝶鳞片相似的控温系统。这种系统的外形类似于百叶窗，每个叶片都是两面的。这两面的辐射、散热的能力并不一样，一面很大，一面很小。

“百叶窗”的转动部分由一种极为灵敏的热胀冷缩的金属丝控制。当温度上升时，金属丝受热膨胀，叶片就会张开，类似蝴蝶鳞片自动张开一样。张开的叶片把辐射、散热能力强的一面转向太阳，起到散热降温的作用；反之，如果温度下降，金属丝就会冷缩，叶片也随之收缩，把辐射、散热能力小的一面转向太阳，起到保温的作用。

这样，人造卫星再也不会暴冷暴热了，从而保护了它内部的仪器不受损伤。

翱翔在天空中的铁鸟——飞机

AOXIANGZAITIANKONGZHONGDETIENIAO—FEIJI

人类受到鸟类的启发，很早就有飞天的梦想，而这一梦想的实现，就得益于飞机的发明与制造。如今，飞机已经广泛应用于我们人类的日常生活之中。

人类最早的仿生飞行器

根据文献记载，人类最早制造飞行器的应该是春秋时期的墨子。《列子·汤问》一书中说："夫班输之云梯，墨翟之飞鸢，自谓能之极也。"

传说墨子经过长时间观察鸟类飞翔现象，看到雄鹰在山川平原之上、蓝天大地之间展翅翱翔时，翼翅平稳，两翅极少振动，好像高悬空中一样。墨子回到家里以后就用木头、竹子、纤维布帛制成木鸢，在山上借风力张扬到空中放飞，人们把它叫做竹鸢、飞鸢。经过后人长时间的不断改进，成为现在人们常见的风筝。这不仅可在中国历史上，也可以被看作是整个人类历史上探索天空世界的先导。

到了中世纪，有一位阿拉伯人菲玛斯，他是一位诗人、音乐家、工程师，他模仿飞鸟的翅膀用木架钉上宽布作两翼，从一个清真寺的塔上滑翔而下，他轻轻落下，只受到一点擦伤。他感到飞行时间太短，飞行距离太近，接着又继续研究。在他70岁那年，菲玛斯用丝绸和老鹰羽毛制作新翼，从一座山峡再次试飞，在空中飘浮长达十分钟。他根据飞行的感受写下了记录，认为尾部缺少风向控制。但他的名字载入世界科学史册，现代的巴格达国际机场就以他的名字命名。

人类的不断探索

随着时间的推移，科技的不断进步，人类的追求的梦想也越来越高，人们希望自己有一对鸟儿的双翅，使自己也能飞翔在空中。意大利人利奥那多·达·芬奇和他的助手对鸟类进行仔细的解剖，仔细研究鸟的身体结构并认真观察鸟类的飞行。

早期的飞机

莱特兄弟是指奥维尔和维尔伯，1903年12月17日，莱特兄弟在美国北卡罗莱纳州成功试飞了人类历史上第一架飞机——“飞行者一号”。这是世界上第一架依靠自身动力装置的飞行器。

终于设计和制造了一架扑翼机，这是世界上第一架人造飞行器。

公元1800年，气体动力学创始人之一的英国科学家凯利，曾深入地研究过飞行动物的形态，终于寻找最具流线型的结构。他模仿鸟翼设计了一种机翼曲线，与现代飞机机翼截面曲线几乎完全相同。法国生理学家马雷曾写过一本研究鸟类飞行的《动物的机器》的书，介绍了鸟的体重与翅膀负荷的知识。后来，俄国科学家茹可夫斯基在研究鸟类飞行的基础上，提出了航空动力学的理论，正是通过对鸟类的一系列的研究，终于找到了人类上天的关键所在。1903年，美国莱特兄弟终于发明了飞机，实现了人类梦寐以求的飞上天空的愿望。

莱特兄弟发明的飞机

1896年，莱特兄弟对飞机的研究已经好几年了，在这一年，德国航空先驱李林达尔在一次滑翔飞行中不幸遇难，消息传来，莱特兄弟感到十分的痛心。兄弟两人在对李林达尔的失败进行了详细的总结，熟悉机械装置的莱特兄弟认为，人类进行动力飞行的基础实际上已足够成熟，李林达尔的问题在于他还没有来得及发现操纵飞机的诀窍。莱特兄弟满怀激情地又投入了对动力飞行的钻研。

莱特兄弟不仅努力借鉴前人的研究成果，而且十分注意直接向活生生的飞行物——鸟类学习。他们常常仰面朝天躺在草地上，一连几个小时仔细观察飞在空中的雄鹰的飞行，脑海里研究和思索鹰的起飞、升降和盘旋的机理。通过不断的努力和改进，1903年莱特兄弟发明的“飞行者1号”飞上了天空，使人类实现了飞上天空的梦想。

蜻蜓身上找到答案

自从莱特兄弟发明飞机以后，由于技术的不断改进，不论在速度、高度和飞行距离上都超过了鸟类，显示了人类的智慧和才能。但是在继续研制飞行更快更高的飞机时，设计师又碰到了一个难题，就是气体动力学中的颤振现象。

颤振是弹性体在气流中发生的不稳定振动现象。弹性结构在均匀气流中受到空气动力、弹性力和惯性力的耦合作用而发生的大幅度振动。它可使飞行器结构破坏。飞机的飞行速度越快，机翼的振辐越来越大，最终将机翼折断，造成机毁人亡。怎么办那?

设计师们为此花费了巨大的精力研究消除有害的颤振现象，经过长时间的努力才找到解决这一难题的方法。就在机翼前缘的远端上安放一个加重装置，这样就把有害的振动消除了。

这是什么原理那？设计师们在在蜻蜓身上找到答案，原来蜻蜓的每个翅膀前缘的上方都有一块深色的角质加厚区——翼眼或称翅痣。如果把翼眼去掉，飞行就变得荡来荡去。实验证明正是翼眼的角质组织使蜻蜓飞行的翅膀消除了颤振的危害。

假如设计师们要是早一些向昆虫学习翼眼的功能，获得有益于解决颤振的设计思想，就可似避免长期的探索和人员的牺牲了。

潜水艇是既能在水面航行又能潜入水中某一深度进行机动作战的舰艇，是海军的主要舰种之一。潜艇能利用水层掩护进行隐蔽活动和对敌方实施袭击；有较大的自给力、续航力和作战半径；有较强的突击力。

潜水艇的制造

QIANSHUITINGDEZHIZAO

人们根据鱼类的沉浮原理成功地制造了潜水艇，这种能在水下作战的舰艇在历次海战中都显示其战斗力，它能下潜至离水面深达500米的水域，具有良好的隐蔽性和续航力。潜水艇能从水下袭击水面舰船和岸上目标，也能作侦察、布雷和运输等。

潜水艇上浮下潜与仿生学

建造潜艇，首先要解决如何下潜和上浮两道难题。为了解决这两道难题，人们开始向生物请教。后来，人们经过长时间观察和研究，发现僧帽水母具有充气的“浮鳔”，可以根据感觉细胞的控制充入足量的气体，使水母浮于水面。乌贼也是靠改变体内水的密度实现沉浮，它的浮室——海鳔鞘的孔隙里的水和气体，是按其游泳水深所需要的比例混合起来的。而鱼类是靠精巧的鱼鳔充气和排气实现沉浮。人们从这些水生物沉浮机制中得到启示。

1620年，荷兰物理学家德雷尔成功制造出了一艘潜水船。整个船体像一个木柜，体内装有作为压缩水舱使用的羊皮囊，下潜时往羊皮囊中注水，上浮时则将羊皮囊中的水挤出。船体造型是模仿鳟鱼

潜 艇

等鱼类，呈狭长流线型，以减少水的阻力。这艘潜水船装有从船内伸出的多根木浆，船内人员只要划动木浆，便会在水下运动，它最多可载12名水手，能够潜入水中3~5米的深度。

德雷尔是根据阿基米德浮力原理来制造这艘潜艇的。潜艇的体积是固定的，受到的浮力也是固定的，所以潜水艇要能够潜入水中，就需要借助潜水艇上“水舱”的舱体内的水。当潜水艇需要下沉时，就打开阀门，让海水注入水舱，使潜艇重量逐渐增加而渐渐下沉。当需要让潜水艇处于水中某一深度行进时，只需让水舱注入适当量的海水就行了。如果需要潜水艇上浮，就用机器把大量压缩空气注入水舱，排出舱中海水，减轻艇的重量，潜水艇就会迅速浮出水面。

潜艇的其他仿生学原理

德雷尔的潜水船可以说是现代潜艇的雏形。

19世纪人们发明了潜艇。最初由于艇体结构不够科学，受水的阻力大，速度慢，功率低。后来，人们模仿海豚、鲸和鱼的体形结构，改进潜艇的设计。人们发现，海豚的游泳速度有70公里/小时。当它受到惊扰或者追捕其他动物时，速度可高达100公里/小时。人造潜艇要耗去90%的推动力克服海洋湍流阻力，而海豚只凭借流线形身体就能够以每秒13米的速度冲刺，轻而易举地在水中畅游。

科研人员经过进一步研究，发现海豚的皮肤外面的表皮薄而富有弹性，里面的真皮象海绵一样，上面有许多突起的地方，里面充满着液体。这种皮肤结构，就象一个很好的“消振器”，能减弱身体液流的振动，防止湍流产生。同时，海豚皮肤有疏水性能，能使与皮肤接触的表面的水分子集合成无数环形结构。于是，水在皮肤表面的运动就变得象球状轴承的滚动，使摩擦力减到最小程度。当海豚运动速度很大时，涡流已不能靠皮肤的消振和疏水性去消除时，皮下肌肉就作波浪式运动。于是，沿海豚身体表面“奔跑”的波浪就消除了因高速运动而产生的漩涡，减少了阻力，使海豚能飞速前进。

人们仿照海豚的体形轮廓和身体各部位比例，建造了一艘新式潜艇，航速提高了25%。二战后，美国海军研究部门找到一种接近海豚皮肤的人造材料，模仿海豚真皮层功能，仿制的“人工海豚皮”用于潜艇表面，还模仿鲇鱼表面分泌的粘液，制成高分子化合物，用来涂在舰艇、船壳上，可减少阻力50%，使潜艇的航速成倍提高。

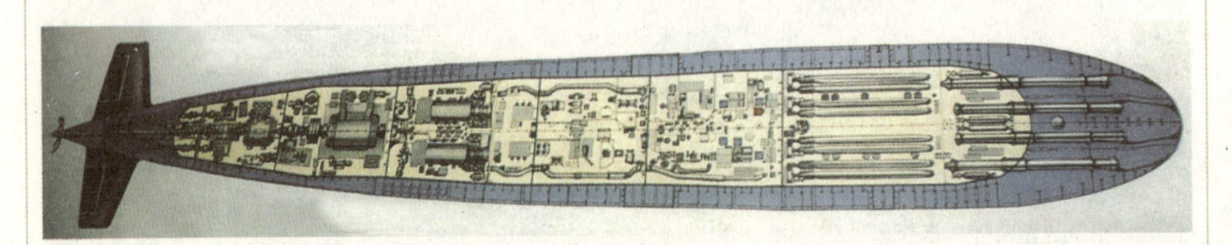

潜艇俯视结构图

猫头鹰与夜视仪

MAOTOUYINGYUYESHIYI

猫头鹰的视觉敏锐，在漆黑的夜晚，能见度比人高出一百倍以上。猫头鹰绝大多数是夜行性动物，昼伏夜出。白天隐匿于树丛岩穴等不易见到的地方，等到夜幕降临后开始活动。人类的夜视仪就是受到猫头鹰夜视特性的启发研制的。

猫头鹰的分布

猫头鹰是现存鸟类种在全世界分布最广的鸟类之一。除了北极地区以外、世界各地都可以见到猫头鹰的踪影。猫头鹰完全依靠捕捉活的动物为食。猫头鹰眼睛四周羽毛呈放射状，形成所谓“面盘”。嘴和爪都弯曲呈钩状。周身羽毛大多为褐色，散缀细斑，稠密而松软，飞行时无声。夜间和黄昏活动，主食鼠类，有时也捕食小鸟或大型昆虫。

全世界的猫头鹰一共有133 种，在我国南方有一种猫头鹰非常近似于仓鸮，它就是草鸮. 草鸮的脸型很像猴子，因而很多人叫它猴面鹰。草鸮经常出没于坟场墓地，飞行时飘忽不定，鸣叫声尖利刺耳，常令人联想起墓地里游荡的野鬼孤魂。实际上，草鸮之所以在坟地出没，是由于那里有丰富的野鼠可供它们捕食。

猫头鹰的特点

独特的羽毛设计使夜行猫头鹰成为世界上最安静的飞行鸟，对于它们的猎物来说有时甚至是无声的。它的双眼不像其他鸟类那样生在头部两侧，而是长在正前方。猫头鹰的大眼睛只能超前看，要向两边看的时候，就必须转动它的头。猫头鹰的脖子又长又柔软，能转动270度。

猫头鹰的眼睛

猫头鹰是在夜里飞行的，还能捕捉老鼠，而且无论怎么飞，从来没跟什么东西相撞。难道猫头鹰像蝙蝠一样会发出超声波。

为了弄清楚这个问题，鸟类学家们做了一个实验，把一种猫头鹰放在全黑的房间里，用红外摄影设备观察猫头鹰的捕鼠活动。室内除了地面上撒了一些碎纸条外，没有任何东西。从实验结果看来，只要老鼠一踏响地面的碎纸，猫头鹰就能快速、准确地抓获它。

原来，猫头鹰有一双与人眼感觉细胞不同的眼睛。视网膜的感觉细胞分为圆锥细胞和圆柱细胞两种类型。人眼长的是

猫头鹰晚上多栖于树上。在漆黑的夜晚，它的视觉能见度比人高出一百倍以上。

猫头鹰，又叫鸮，因为它们的眼睛又圆又大，很像猫的眼睛，所以被俗称为猫头鹰。猫头鹰属于鸮形目夜行性猛禽，共有180多种。分布在我国的猫头鹰大约有26种，均属于国家二级保护动物。

圆锥细胞，它需要较强的光刺激才能看清物体，因此人眼只能在白天看清东西，而猫头鹰眼是圆柱细胞，在较弱的光线下就能看清物体，因此它们能在夜间捕食。另外猫头鹰的听觉也十分灵敏，在伸手不见五指的黑暗环境中，听觉起主要的定位作用。猫头鹰的左右耳是不对称的，左耳道明显比右耳道宽阔，而且左耳有很发达的耳鼓，因此猫头鹰的听觉神经很发达。当一只猫头鹰在黑暗的环境中搜索猎物时，它对声音的第一个反应是转头，如同我们在听微小响动时侧耳倾听一样；但是猫头鹰并不是真正地侧耳倾听，它转头的作用是使声波传到左右耳的时间产生差异，当这种时间增加到30微秒以上是，猫头鹰即可以准确分辨声源的方向。

夜视仪的仿生学

研究人员根据猫头鹰眼睛的特点，研究出夜视仪。

夜视仪利用夜间目标反射的低亮度的自然光，将其增强放大到几十万倍，从而达到适于肉眼夜间进行侦察、观察、瞄准、车辆驾驶和其它战场作业。

夜视仪

微光夜视仪是利用夜天光进行工作，属被动方式工作，因此能较好的隐藏自己。微光夜视仪发展到今天，技术上已比较成熟且成像质量好、造价低，因此在今后相当一段时期里，它们仍然是世界夜视装备的主要装备。

夜视仪的作用。

夜视仪的作用及用途

红外线视仪可以帮助人们在夜间进行观察、搜索、瞄准和驾驶车辆。尽管人们很早就发现了红外线，但受到红外元器件的限制，红外遥感技术发展很缓慢。

1982年4月—6月，英国和阿根廷之间爆发马尔维纳斯群岛战争。4月13日半夜，英军攻击承军据守的最大据点斯坦利港。3000名英军布设的雷区，突然出现在阿军防线前。英国的所有枪支、火 炮都配备了红外夜视仪，能够在黑夜中清楚地发现阿军目标。而阿军却缺少夜视仪，不能发现英军，只有被动挨打的份。在英军火力准确的打击下，阿军支持不住，英军趁机发起冲锋。到黎明时，英军已占领了阿军防线上的几个主要制高点，阿军完全处于英军的火力控制下。6月14日晚9时，14000名阿军不得不向英军投降。英军领先红外夜视器材赢得了一场兵力悬殊的战斗。

1991年海湾战争中，在风沙和硝烟弥漫的战场上，由于美军装备了先进的红外夜视器材，能够先于伊拉克军的坦克而发现对方，并开炮射击。而伊军只是从美军坦克开炮时的炮口火光上才得知大敌在前。由此可以看出红外夜视器材在现代战争中的重要作用。

在生物学上，苍蝇属于典型的“完全变态昆虫”。70年代末统计，全世界有双翅目的昆虫132个科12万余种，其中蝇类就有64个科3万4千余种。

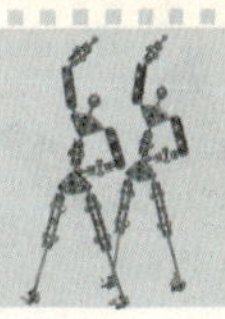

苍蝇与高科技

CANGYINGYUGAOKEJI

许多人认为令人望而生厌的苍蝇无论如何也不能与现代科学技术事业联系起，但仿生学却把它们紧紧地联系在一起了。

振动陀螺仪的仿生原理

令人生厌的苍蝇虽小，但它的飞行本领却相当高超，不仅一直不停地飞好几个小时，而且还可以垂直上升、下降，能急速掉头飞行，定悬空中。它的“特技飞行”不得不令人对它“刮目相看”。

苍蝇飞行时，楫翅以每秒钟330次的频率不停地振动。当苍蝇身体倾斜、俯仰或偏离航向时，楫翅振动频率的变化便被其基部的感受器所感觉。苍蝇的“大脑”分析了这一偏离的信号后，便向有关部位的肌肉组织发出纠正指令，并校正身体姿态和航向。因此，苍蝇等双翅昆虫平衡棒的重要功能是作为振动陀螺仪，是昆虫在飞行中保持正确航向的天然导航系统。

根据苍蝇楫翅的导航原理，研制成功了一种新型振动陀螺仪。它的主要部件像一只音叉，是通过一个中柱固定在基座上的。装在音叉两臂四周的电磁铁使音叉产生固定振幅和频率的振动，就像苍蝇振翅的振动那样。

“蝇眼照相机”的秘密

科学家通过对苍蝇眼睛的研究发现：蝇眼十分特殊，从外面看上去，蝇眼表面（角膜）是光滑平整的，如果把它放在显微镜下，人们就会发现，蝇眼是由许多个小六角形的结构拼成的。每个小六角形都是一只小眼睛，科学家把它们叫做小眼。在一只蝇眼里，有3000多只小眼，一双蝇眼就有6000多只小眼。这样由许多小眼构成的眼睛，叫做复眼。

而且令人惊奇的是这众多的小眼都自成体系，有独立的光学系统和通向大脑的神经，这些小眼的视觉神经都能互相配合，既能协调一致又能独立工作。因此，蝇眼不仅有速度、高度的分辨能力，并且能从不同的方位感受视像，这也就是人们用蝇拍从背后打它也易被发现的原因。这种复眼具有很高的时间分辨率，它能把运动的物体分成连续的单个镜头，并由各个小眼轮流“值班”，不停的工作。

蝇眼的特殊构造和功能使科学家受到启发，研制出蝇眼透镜，把它安装在照相机上，制成了“蝇眼照相机”。这种奇特的照相机分辨率很高，每厘米的分辨率达400条线，可以用来复制计算机的显微电路，它一次就能拍摄出千余张相同或不相同的照片，科学研究和军事上也有特殊的用途。

夜间，蝙蝠靠皮波探路和捕食。它们发出人类听不见的声波。当这声波遇到物体时，会像回声一样返回来，由此蝙蝠就能辨别出这个物体是移动的还是静止的，以及离它有多远。

蝙蝠与雷达

BIANFUYULEIDA

神奇的雷达

第二次世界大战期间，德军制定了一个叫“海狮行动”的军事计划，动用大约2000架飞机突然袭击伦敦，企图一举摧毁英国。为了保证这次空袭成功，德国军事指挥机构事先派遣了一个特工小组潜入英国，准备破坏英国雷达网中心。在这个危急时刻，英国反间谍人员及时破获了这个特工小组，使英国能够以1000架战斗机在雷达的配合下，击退了当时不可一世的德国空军。这次战役，英军能够以少胜多，当然少不了英国空军的英勇奋战，但是，雷达在其中显示的威力也起着很大的作用。

雷达和声纳都是人为的监测设备。雷达是用电磁波的反射发现目标并测定其位置的电子设备。远在人类利用雷达以前，在自然界，就有不少动物，如蝙蝠、海豚等早已在应用它们自身的声纳系统来定位、捕食、绕过障碍和逃避敌害。而且精致的结构、灵敏的效果等很多方面都是现代人工雷达和声纳系统还办不到的。虽然人为的雷达和声纳是对一些动物回声定位的一种迟到的仿生，但是，这还是远远不够的，进一步深入研究一些动物的回声定位，势必会给完善人为的雷达和声纳系统带来许多有益的借鉴。

蝙蝠种类繁多，全世界约有900种

神奇的蝙蝠

蝙蝠的视力很弱，但是听觉和触觉却很灵敏。科学家通过一些实验证明，蝙蝠主要靠听觉来发现昆虫。蝙蝠在飞行的时候，喉内能够产生超声波，超声波通过口腔发射出来。当超声波遇到昆虫或障碍物而反射回来时，蝙蝠能够用耳朵接受，并能准确判断探测目标是昆虫还是障碍物，以及距离的长短。人们通常把蝙蝠的这种探测目标的方式，叫做“回声定位”。

蝙蝠在寻食、定向和飞行时发出的信号是由类似语言音素的超声波音素组成。蝙蝠不仅能调制声波的振幅，改变声音的强度，也能调制频率。一只蝙蝠飞行中每秒重复它的叫声20次，但是当收到有用的回波后，立即会兴奋起来，发出每秒200次以上的脉冲，进行确切地探测。

蝙蝠必须在收到回声并分析出这种回声的振幅、频率、信号间隔等的声音特征后，才能决定下一步采取什么行动。

靠回声测距和定位的蝙蝠只发出一个简单的声音信号，这种信号通常是由一个或两个音素按一定规律反复地出现而组成。当蝙蝠在飞行时，发出的信号被物体弹回，形成了根据物体性质不同而有不同

声音特征的回声。然后蝙蝠在分析回声的频率、音调和声音间隔等声音特征后，决定物体的性质和位置。

蝙蝠的高精度识别与定位能力

蝙蝠大脑的不同部分能截获回声信号的不同成分。蝙蝠大脑中某些神经元对回声频率敏感，而另一些则对两个连续声音之间的时间间隔敏感。大脑各部分的共同协作使蝙蝠作出对反射物体性状的判断。蝙蝠用回声定位来捕捉昆虫的灵活性和准确性，是非常惊人的。

有人曾经统计过，蝙蝠在几秒钟内就能捕捉到一只昆虫，一分钟可以捕捉十几只昆虫。同时，蝙蝠还有惊人的抗干扰能力，能从杂乱无章的充满噪声的回声中检测出某一特殊的声音，然后很快地分析和辨别这种声音，以区别反射音波的物体是昆虫还是石块，或者更精确地决定是可食昆虫，还是不可食昆虫。

当两万只蝙蝠生活在同一个洞穴里时，也不会因为空间的超声波太多而互相干扰。蝙蝠回声定位的精确性和抗干扰能力，对于人们研究提高雷达的灵敏度和抗干扰能力，有重要的参考价值。

雷达的工作原理

雷达是利用电磁波探测目标的电子设备。雷达是受蝙蝠的超声波定位原理的启发而发明的。雷达通过发射电磁波对目标进行照射并接收其回波，由此获得目标至电磁波发射点的距离、距离变化率或径向速度、方位、高度等信息。

雷达所起的作用同眼睛和耳朵相似。

雷达天线

当然，它不再是大自然的杰作，同时，它的信息载体是无线电波。事实上，不论是可见光或是无线电波，在本质上是同一种东西，那就是电磁波，它们传播的速度都是光速，差别在于它们各自占据的频率和波长不同。

雷达设备的发射机通过天线把电磁波能量射向空间某一方向，处在此方向上的物体反射碰到电磁波，雷达天线接收此反射波，送至接收设备进行处理，提取有关该物体的某些信息，包括目标物体至雷达的距离、距离变化率或径向速度、方位、高度等。

雷达测量距离实际是测量发射脉冲与回波脉冲之间的时间差，因电磁波以光速传播，据此就能换算成目标的精确距离。

电子蛙眼是电子眼的一种，它的前部其实就是一个摄像头，成像之后通过光缆传输到电脑设备显示和保存，它的探测范围呈扇状且能转动，类似蛙类的眼睛。

蛙眼视网膜的神经细胞分成五类，一类只对颜色起反应，另外四类只对运动目标的某个特征起反应，并能把分解出的特征信号输送到大脑视觉中枢——视顶盖。

青蛙与电子蛙眼

QINGWAYUDIANZIWAYAN

青蛙的视觉原理

一个飞机场内，机场指挥人员正在指挥塔上指挥飞机降落，他们每次都能指挥得准确无误，没有丝毫差距，使飞机准确降落。为什么指挥人员能指挥得这么准确？原来，是人们从青蛙身上得到了一些启示。

很早以前，科学家发现青蛙的眼睛有些特殊，他们发现青蛙的眼睛和其他动物的不一样，他的眼睛比较突出，于是，他们就对青蛙有了浓厚的兴趣。科学家发现青蛙对活动的东西非常敏锐，但却对静止的东西“视而不见”，而且一遇到光就不能动了，这到底是为什么？科学家经过多次的试验，反复研究，终于发现了青蛙眼睛的奥秘。

科学家们发现青蛙的眼睛里有四种神经细胞，也就是四种“检测器”：

第一种神经细胞叫“反差检测器”，它能感觉运动目标暗色前后缘；

第二种叫“运动凸边检测器”，它对有轮廓的暗颜色目标的凸边产生反应；

第三种叫“边缘检测器”，对静止和运动物体的边缘感觉最灵敏；

第四种叫“变暗检测器”，只要光的强度减弱了，就立刻反应。

在这四种神经细胞的作用下，能把一个复杂图像分解成几种容易辨别的特征，然后传送到大脑的视觉中心，经过综合，就能看到原来的完整图像。因此，青蛙的眼睛对活动的东西非常敏锐，对静止的东西却“视而不见”。

电子蛙眼

科学家们根据青蛙的视觉原理，已研制成功一种电子蛙眼。这种电子蛙眼能像真的蛙眼那样，准确无误地识别出特定形状的物体。

电子蛙眼由7个代替感光细胞的光电管和一个人造神经元组成。其中一个光电管位于中央，并与人造神经元的抑制性输入端相接。6个光电管以等距离排列在四周，并与人造神经元的兴奋性输入端相接。当7个光电管都受到光照射时，人造神经元输出为零。若一个不透光的运动物体的阴影挡住外周的任意一个光电管时，人造神经元输出为负，当运动物体移入中心，遮住中心光电管时，使抑制性输入为零，而6个光电管的兴奋性输入之和为正，人造神经元立即有信号传出。这架电子模型具有感受边缘、运动和光的强弱等能力。把电子蛙眼装入雷达系统后，雷达抗干扰能力提高。因此，机场指挥人员就能够准确无误的指挥飞机降落了。

电子眼

应用仿生学的原理，人类根据火箭升空利用的是水母、墨鱼反冲原理。科研人员通过研究变色龙的变色本领，为部队研制出了不少军事伪装装备。美国空军通过毒蛇的“热眼”功能，研究开发出了微型热传感器。

科技前沿——人体仿生科技

KEJIQIANYAN—RENTIFANGSHENGKEJI

在美国科幻电视剧《无敌金刚》中，科学家利用仿生科技将一名重伤飞行员的手脚换上了价值600万美元的电子假肢，使其可以通过意念控制，结果让他拥有了超强的能力。殊不知，真实版智能仿生假肢，正在将科学幻想故事逐渐变成现实。

跑得最快的无腿人

南非小伙皮斯托瑞斯生下来就缺少腓骨和运会踝骨，生下来11个月的时候，膝盖以下的部位就做了截肢手术。然而，他凭借顽强的毅力，经过艰苦的训练，2008年北京残奥会上，他以10秒91的成绩获得冠军，只比奥运冠军“飞人”博尔特的慢了一秒，被称为世界上跑得最快的无腿人。

除了天才、勤奋之外，带给他如此惊人成绩的是他那对只有不到4千克重的高科技碳纤维假肢。皮斯托瑞斯奔跑时使用的运动假肢，是在冰岛一家全球著名的运动假肢生产商那里定做的。

仿生学的诞生

随着社会的前进和科学技术的不断发展，从上个世纪50年代以来，科学家们已经认识到生物系统是开辟新技术的主要途径之一，把研究生物作为各种技术思想、设计原理和创造发明的依据。在生物学家们的配合下从化学、物理学、数学以及技术模型对生物系统开展着深入细致的研究，让幻想变为现实。

现在生物学开始跨入各行各业技术革新和技术革命的行列，而且首先在自动控制、航空、航海等军事部门取得了成功。于是生物学和工程技术学科结合在一起，互相渗透孕育出一门新生的科学——仿生学。

在20世纪60年代初诞生，当时美国空军航空局在俄亥俄州的空军基地召开了第一次仿生学会议。讨论了由生物系统所得到的概念能否应用于人工制造的信息加工系统的问题，即生物学能否与技术工程科学相结合的问题，并把这一新学科命名为“Bionics”。1963年，中国将“Bionics”译为“仿生学”。

开始起跑的斯托瑞斯

生物燃料是指通过生物资源生产的燃料乙醇和生物柴油，可以替代由石油制取的汽油和柴油，是可以再生能源开发利用的重要方向。

生物燃料的出现

SHENGWURANLIAODECHUXIAN

什么是生物燃料

生物燃料泛指由生物质组成或萃取的固体、液体或气体燃料。可以替代由石油制取的汽油和柴油，是可再生能源开发利用的重要方向。所谓的生物质是指利用大气、水、土地等通过光合作用而产生的各种有机体，即一切有生命的可以生长的有机物质，它包括动物和微生物。生物燃料不同于石油、煤炭、核能等传统燃料，这种新型的燃料是可再生燃料。

生物燃料的发展

在传统的煤、石油等能源日益枯竭以及人类面临的环境污染日益加重的情况下，世界各国都在积极寻求发展可再生能源。生物能源，是一种取之不尽、用之不竭的，可以再生的新型能源。

生物质能的原始能量来源于太阳，所以从广义上讲，生物质能是太阳能的一种表现形式。目前，很多国家都在积极研究和开发利用生物质能。生物质能蕴藏在植物、动物和微生物等可以生长的有机物中，它是由太阳能转化而来的。有机物中除矿物燃料以外的所有来源于动植物的能源物质均属于生物质能，通常包括木材及森林废弃物、农业废弃物、水生植物、油料植物、城市和工业有机废弃物、动物粪便等。地球上的生物质能资源较为丰富，而且是一种无害的能源。地球每年经光合作用产生的物质有1730亿吨，其中蕴含的能量相当于全世界能源消耗总量的10-20倍，但目前的利用率不到3%。所以说生物能源的发展前景是很大的。

双层大巴

生物燃料的特点

可再生性生物质能属可再生资源，生物质能由于通过植物的光合作用可以再生,与风能、太阳能等同属可再生能源，资源丰富，可保证能源的永续利用；

低污染性生物质的硫含量、氮含量低、燃烧过程中产生的废弃物少，因而对大气的二氧化碳净排放量近似于零，可有效地减轻温室效应；

总量丰富根据生物学家估算,地球光是陆地每年生产1000～1250亿吨生物质，可以满足全世界对能源需求量。

洁净的生物能源——沼气

JIEJINGDESHENGWUNENGYUAN—ZHAOQI

利用高新技术手段开发生物能源，已成为当今世界发达国家能源战略的重要内容。沼气是一种可再生的洁净的生物能源，开发和使用生物能源，符合可持续的科学发展观和循环经济的理念。

沼气的产生

沼气是由意大利物理学家沃尔塔于1776年在沼泽地偶然发现的。

沼气简单地说就是沼泽、污泥中产生的一种可燃性气体。沼气是各种有机物质在厌氧条件下，并在适宜的温度、湿度下，经过微生物的发酵作用产生的一种可燃烧气体。

从人工制取沼气的工艺过程和其组成成份看，也可以说沼气是有机物质在厌氧条件下，在被多种微生物分解发酵、代谢还原过程中产生的一种具有燃烧性能的混合性气体。由于人们是在沼泽里发现和收集了这种气体，所以，就习惯性地称之为沼气。在自然界中，可用于产生沼气的有机物不仅种类繁多，而且数量巨大。农作物秸秆、动物残体、人畜粪便、残枝烂叶、杂草酒糟等农业、工业废弃有机物均可用于产生沼气。人们经常看到沼泽地、污水沟或粪池里，常常有气泡冒出，气温越高，气泡冒得越多，这些气泡就是沼气。只要有水、有机物质和厌氧环境就很容易产生沼气。有人估计全球每年沼气微生物分解有机物产生的沼气中甲烷数量达13亿吨，可占到大气中甲烷总量的90%。

按照来源不同，沼气可分为天然沼气和人工沼气两大类。天然沼气是在自然环境条件下沼气微生物分解各种有机物质产生的混合性可燃气体。人工沼气是人为创造一个适宜沼气微生物生存的厌氧环境、营养条件及利于气体收集的特定装置，通过积累高浓度厌氧微生物，分解发酵配制好的有机物质而产生的混合性可燃气体。不论是天然沼气还是人工沼气都需要在密闭和无氧的条件下进行，因此，人们把沼气产生称为厌氧消化，把有机物质被沼气微生物分解发酵产生出沼气和有机化合物的过程称为沼气发酵。

沼气的组成

沼气无论是天然的，还是人工制取的，都是以甲烷为主要成份的混合性气体。沼气的主要成份有甲烷气体、二氧化碳气体及少量的硫化氢气体、一氧化碳气体、氢气、氮气、氨气、氧气等。其中：甲烷气体一般占总体积的55－70%，二氧化碳气体占总体积的30－40%，其它几种气体含量一般不超过总体积的2%。沼气的成份组成受发酵原料、发酵条件、发酵阶段等多种因素影响。通常情况下，富碳原料所产沼气中甲烷比例偏低，脂肪、蛋白质多的原料产的沼气中甲烷比例较高；在甲烷菌菌群量大，环境条件利于甲烷菌活动时，所产沼气中甲烷的比例高些，反之会低点；新建沼气池初期所产沼气中，甲烷比例偏低，随着甲烷菌群数量的增加，

世界上第一个沼气发生器（又称自动净化器）是由法国L.穆拉于1860年将简易沉淀池改进而成的。

德国一个附设生物气体厂的农厂

甲烷所占比例也随之提高。在正常使用的沼气中，甲烷含量都在50%以上，低于40%虽能勉强点燃，但离开火种就会熄灭

按体积计算的话，空气中如含有8.6~20.8%的沼气时，就会形成爆炸性的混合气体。

沼气的发展前景

近年来，我国沼气事业获得了迅速的发展，沼气池总数已达到1000多万个。在有些农村地区沼气除了可以做饭、照明之外，还办起了小型沼气发电站，利用沼气能源作动力进行脱粒、粮食加工等，解决了一部分能源的消耗。

应该说沼气在未来的农村地区将能够成为主要能源之一，因为它具有不可比拟的特点，潜力巨大，凡是有生物的地方都有可能获得制取沼气的原料，所以沼气是一种取之不尽、用之不竭的再生能源。其次，可以就地取材、节省开支。兴办一个小型沼气动力站和发电站，设备和技术都比较简单，管理和维修也很方便，大多数农村都能办到。小型沼气电站每千瓦投资只要400元左右，仅为小型水力电站的1/2~1/3，比风力、潮汐和太阳能发电的费用低廉。而且沼气电站的建设周期短，基本上不受自然条件变化的影响。

我国地广人多，生物能资源丰富。研究表明，在21世纪无论在农村还是城镇，都可以根据本地的实际情况，就地利用粪便、秸杆、杂草、废渣、废料等生产的沼气来发电。

从世界范围看，沼气的利用处于方兴未艾的阶段。

克隆是英语CLONE的音译，指人工诱导的无性繁殖。动物克隆试验的成功，在细胞工程方面具有划时代的意义。同时也引起了国际伦理学界的巨大争议。

褒贬不一的新技术——克隆

BAOBIANBUYIDEXINJISHU—KELONG

多莉的诞生

1997年2月27日的英国《自然》杂志报道了一项震惊世界的研究成果：1996年7月5日，英国爱丁堡罗斯林研究所的伊恩·维尔穆特领导的一个科研小组，利用克隆技术培育出一只小母羊。这是世界上第一只用已经分化的成熟的体细胞克隆出的羊。克隆羊多利的诞生，引发了世界范围内关于动物克隆技术的热烈争论。

可以说这是科学界克隆成就的一大飞跃，这个成果被美国《科学》杂志评为1997年世界十大科技进步的第一项，也是当年最引人注目的国际新闻之一。科学家们普遍认为，多莉的诞生标志着生物技术新时代来临。继多莉出现后，克隆，这个以前只在科学研究领域出现的术语变得广为人知。克隆猪、克隆猴、克隆牛……纷纷问世，似乎一夜之间，克隆时代已来到人们眼前。

克隆技术

克隆是指生物体通过体细胞进行的无性繁殖，以及由无性繁殖形成的基因型完全相同的后代个体组成的种群。通常是利用生物技术由无性生殖产生与原个体有完全相同基因组织后代的过程。

克隆一个生物体意味着创造一个与原先的生物体具有完全一样的遗传信息的新生物体。目前，哺乳动物克隆的方法主要有胚胎分割和细胞核移植两种。克隆羊“多利”，以及其后各国科学家培育的各种克隆动物，采用的都是细胞核移植技术。所谓细胞核移植，是指将不同发育时期的胚胎或成体动物的细胞核，经显微手术和细胞融合方法移植到去核卵母细胞中，重新组成胚胎并使之发育成熟的过程。与胚胎分割技术不同，细胞核移植技术，特别是细胞核连续移植技术可以产生无限个遗传相同的个体。由于细胞核移植是产生克隆动物的有效方法，故人们往往把它称为动物克隆技术。

克隆羊

双胞胎一般可分为同卵双胞胎和异卵双胞胎两类。同卵双胞胎指两个胎儿由一个受精卵发育而成，异卵双胞胎是由不同的受精卵发育而成的。

维尔穆特和他的克隆羊

克隆技术的意义

科学技术是一把双刃剑，在给人类带来利益的同时也会产生一些负面影响，克隆技术也不例外。有利方面是它具有实践上的重要性，因为它标志着用无性繁殖技术复制更高等的动物已完全可能。克隆技术的有利应用主要包括：一是可用来快速、有效繁育优良动物品种。二是可用于抢救濒危动物，在我国克隆大熊猫已经成功。三是能为医学、科研提供有利手段。如为克隆提供特殊实验动物模型，治疗遗传性疾病，解决不孕患者的痛苦，人的治疗克隆还可作为组织工程和器官移植取之不尽的源泉。四是克隆技术能创造巨大的经济价值。

多利羊诞生之后，不少国家及政界首脑对这一事件作出了反应。总的来讲，多数国家的政府反应强烈，严格禁止对人类使用克隆技术。

克隆技术是一项新兴生物科学技术，和其它高科技一样，既能造福人类，也可能带来遗祸。只有严格遵守生命伦理学的基本原则，才能保证克隆技术健康有序的发展。

克隆作为一种新生事物，功过是非难以定论，现在人们迫切要求的是冷静的面对，理性的思考，世界各国在展开科技竞争的同时，应尽快制定有关的法规来减少科技带来的负面影响。

知识链接

克隆羊——多莉

1996年7月25日，在经过247的失败之后，英国爱丁堡罗林斯研究所来说，这是值得永远纪念的一天。因为在这一天，一直妊娠了148天，体重6.6千克，编号为6LL3雌性小羊来到了这个世界上。这只小羊与众不同，既无母亲，也无父亲，它是有伊恩·维尔穆特领导的科研小组利用克隆技术产下的一只小羊。经过几个月的精心饲养，小羊迅速长大，并获得一个动听的名字——多莉。

2003年2月，兽医检查发现多莉患有严重的进行性肺病，这种病在目前还是不治之症，于是研究人员对它实施了安乐死。据罗斯林研究所透露，在被确诊之前，多莉已经不停地咳嗽了一个星期。多莉的尸体被制成标本，存放在苏格兰国家博物馆。

基因工程

JIYINGONGCHENG

基因工程

基因工程是利用DNA重组技术，将目的基因与载体DNA在体外进行重组，然后把这种重组DNA分子引入受体细胞，并使之增殖和表达的技术。遗传工程与传统培育方式不同之处，在于物种在传统培育方式中透过间接的形式变更，而遗传工程是直接变更其基因。遗传工程透过分子选殖和转化来直接改变基因的构造与特性。现在，遗传工程已在多项应用里取得成果。主要是应用于改良农作物，或者为医学研究提供实验品。

基因工程原理

我们得到某一种生物的基因，如果给这种生物增加一个它原来没有的基因，让这个基因与原来的基因共同工作，使这种生物产生新的遗传特性，变成一个新的物种，这就是基因工程的基本原理。简单的说就是，基因工程是在人工控制下，对生物的基因进行改造，使生物产生新的遗传特性的一门现代科学技术。

基因工程的操作过程有三个主要步骤：第一步是获得某种基因；第二步是把这种基因送进细胞里去；第三步是让这种基因发挥作用。

胰岛素是人身体里一种很重要的激素，是由胰脏里的一种胰岛细胞制造出来的。胰岛素对于人身体吸收利用糖起着重要作用。人身体里缺乏胰岛素，就会得糖尿病，所以胰岛素是治疗糖尿病的特效药。过去医疗上用的胰岛素，都是从动物的胰脏里提取的，需要用很多的动物胰脏才能提取很少的胰岛素。现在我们通过应用基因工程方法，可以利用大肠杆菌来生产出大量的胰岛素。

基因工程的应用

基因工程的产生使整个生物技术跨入了一个崭新的时代，传统的生物技术与基因工程的结合形成了真正有生命力的现代生物技术。

现在的遗传育种基因工程技术把一些有用的优良或特殊性状的基因转入到农作物中，缩短育种时间达几万倍。目前已经培育出了抗病毒、抗除草剂、抗虫、高蛋白的各种农作物品种，也培养出了携带人的生长激素基因的猪种和鱼种，它们都比普通猪和鱼要长得快，长得大。现代酶工程在基因工程技术的帮助下已对各种酶进行大量改造。基因工程给传统生物技术带来了彻底的革新，而且应用范围仍然在不断加深扩展，前景十分广阔。

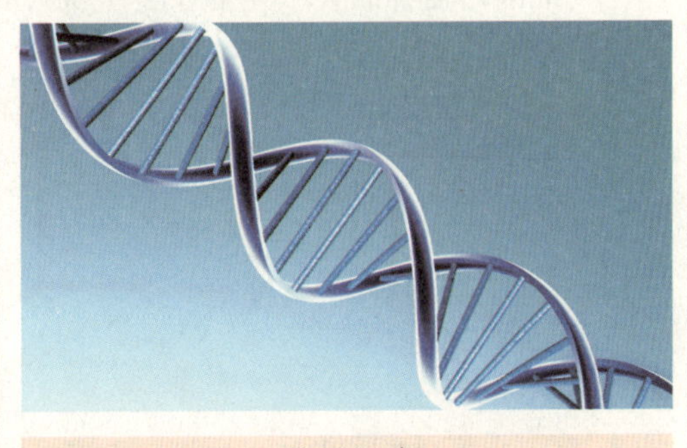

基因图片

1902年，伦敦大学医学院的两位生理学家Bayliss和Starling在动物胃肠里发现了一种能刺激胰液分泌的神奇物质，他们把它称为胰泌素。这是人类第一次发现的多肽物质人工合成胰岛素。

抗生素的发明

KANGSHENGSUDEFAMING

提起抗生素，今天可能没有人不知道。得了肺炎，用青霉素或者其他抗生素可以很快治疗好；伤口发炎，常常也要用抗生素。的确，人类战胜疾病，特别是与致病微生物的感染作斗争，抗生素一直发挥着重要作用。有人估计，由于抗生素的发明，全人类的平均寿命增加了10岁。抗生素是怎样发现和变成造福人类的药品的呢？

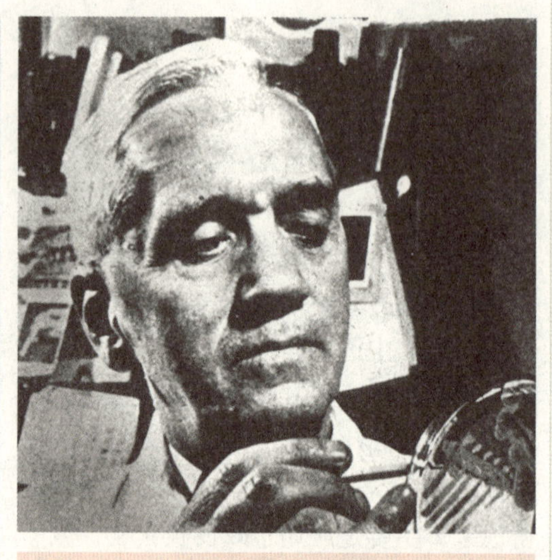

工作中的弗莱明

青霉素的发现

这是一个百年难遇的巧合，如果没有碰到一个清醒的头脑，没有碰到一双锐利的双眼，也许到今天，我们也不会认识这种拯救人类众多生命的神奇药物——青霉素。

弗莱明很早就开始研究灭菌和防止感染的方法，1928年弗莱明在伦敦大学讲解细菌学，那时弗莱明正为了撰写一篇有关葡萄球菌的论文，在实验室里培养葡萄球菌过程中，霉菌孢子无意掉进这个培养皿之中。弗莱明9月3日返回实验室后，他发现长满细菌的培养皿有个角落长了一块青霉菌，周围却没有细菌滋长，弗莱明凭借一个科学家严谨的意识，认为霉菌可能有杀菌作用，并将这个现象发表在1929年的英国《实验病理学》期刊上。

1935年，在英国牛津大学病理学系主任弗洛里和旅英的德国生物化学家钱恩配合下，通过研究青霉素的性质、分离和化学结构，解决了青霉素的纯炼问题。

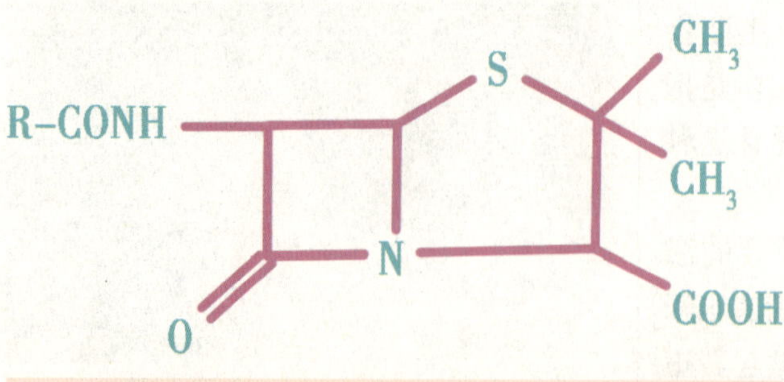
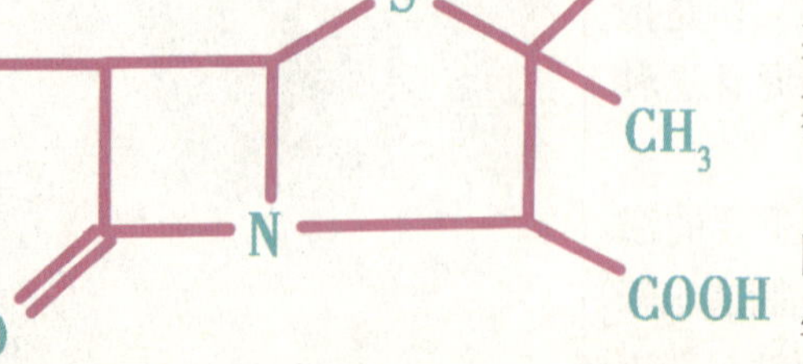

青霉素类的基本结构示意图

青霉素的发现，完全改变了人类与传染病之间生死搏斗的历史，人类的平均寿命也得以延长。弗莱明因此与钱恩和弗洛里共同获得了1945年诺贝尔医学奖。

1943年，这个消息传到中国，当时还在抗日后方从事科学研究工作的微生物学家朱既明，也从长霉的皮鞋上分离到

了青霉菌，并且用这种青霉菌制造出了青霉素。

1947年，美国微生物学家瓦克曼又在放线菌中发现并且制成了上万种抗生素。不过它们之中的绝大多数毒性太大，适合作为治疗人类或牲畜传染病的药品还不到百种。

抗生素原理

抗生素的种类很多，目前国内应用的抗生素不少于几十种。不同的抗生素对病菌的作用原理不尽相同。有的抗生素是干扰细菌的细胞壁的合成，使细菌因缺乏完整的细胞壁，抵挡不了水份的侵入，发生膨胀、破裂而死亡。有的抗生素是使细菌的细胞膜发生损伤，细菌因内部物质流失而死亡。有的抗生素能阻碍细菌的蛋白质合成，使细菌的繁殖终止等等。

在目前治疗实践中，通常是采用将抗生素按抗菌的范围分类，即将种类繁多的抗菌素区分为抗革兰氏阳性细菌抗生素、抗革兰氏阴性细菌抗生素和广谱抗生素，广谱抗生素对革兰氏阳性与阴性细菌都有抗菌作用。此外，将某些专一抑制或杀灭霉菌的抗生素，列为抗真菌类抗生素。

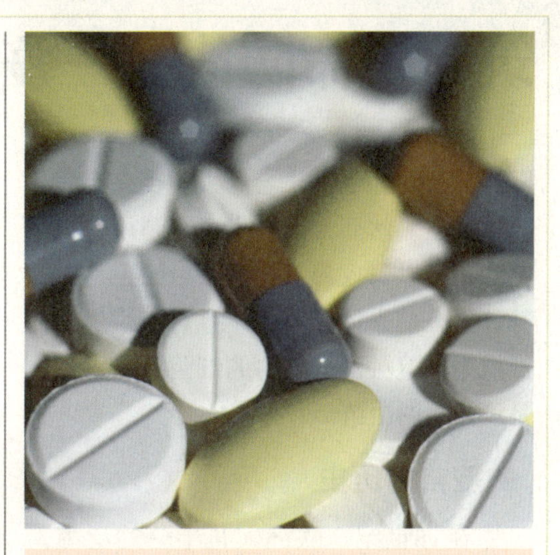

各种抗生素药品

知识链接

青霉素

青霉素又被称为青霉素、盘尼西林、配尼西林、青霉素钠、苄青霉素钠、青霉素钾、苄青霉素钾。青霉素是抗菌素的一种，是指从青霉菌培养液中提制的分子中含有青霉烷、能破坏细菌的细胞壁并在细菌细胞的繁殖期起杀菌作用的一类抗生素，是第一种能够治疗人类疾病的抗生素。

疫苗是指为了预防、控制传染病的发生、流行，用于人体预防接种的疫苗类预防性生物制品。生物制品，是指用微生物或其毒素、酶、人或动物的血清或细胞等制备的供预防、诊断和治疗用的制剂。

滥服抗菌素的后果

半个多世纪以来，抗生素挽救了无数病人的生命，但是，因为抗生素的广泛使用，也带来了一些严重问题。例如不少孩子的牙齿又黄又发育不好，就称为“四环素牙”；有的患者因为长期使用链霉素而丧失了听力，变成了聋子；还有的病人因为长期使用抗生素杀死有害细菌的同时，人体中有益的细菌也被消灭了，于是病人对疾病的抵抗力越来越弱。更为严重的是微生物对抗生素的抵抗力也随着抗生素的频繁使用越来越强，使得许多抗生素对微生物感染已经无能为力了。所以，现在的医生在开处方时，对是否要使用抗生素是越来越谨慎了。

疫苗注射是将具有病原性的疫苗制剂注入到健康人体或动物身上，使接受方获得抵抗某一特定疾病原的免疫力。

筑起生命防线——疫苗

ZHUQISHENGMINGFANGXIAN—YIMIAO

许多细菌和病毒会给人类带来疾病，造成死亡。然而，人们也正是利用这类细菌和病毒以毒攻毒，把它注射到正常人的身体里，使人体在后天产生对某种疾病的抵抗力。这种用来注射的细菌和病毒，就是疫苗也叫菌苗。

疫苗的历史

在18世纪，欧洲天花十分的泛滥，夺去了无数人的宝贵生命。英国乡村医生琴纳惊异地发现，面对令人惊恐战栗的天花，挤牛奶的姑娘们却没有一个生病。这是什么原因呢？他进一步研究得知，原来姑娘们在挤牛奶时，手无意中接触了牛痘的浆液，牛痘病毒就从手上细小的伤口进入人体，虽然手上出现了寥寥无几的痘疹，但姑娘们对天花病毒从此具有了免疫力。这一发现使他大受启发，在经过一系列实验后，1796年5月14日，詹纳进行实验。他以接种牛痘浆的方法，用一把清洁的柳叶刀在一名八岁男孩詹姆士・菲利浦的两只胳膊上，划了几道伤口，然后替他接种牛痘，预防天花。男孩染上牛痘后，六星期内康复。之后詹纳再替男孩接种天花，结果男孩完全没有受感染，证明了牛痘能令人对天花产生免疫。

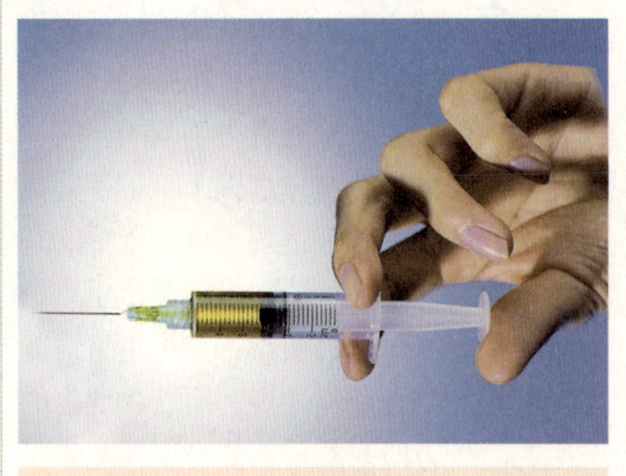

接种疫苗

詹纳称他的方法为“预防接种”，Vacca是拉丁文中“牛”的意思。之后他在1798年出版关于预防接种办法的书——《关于牛痘预防接种的原因与后果》，并首次在书中使用了病毒一词。詹纳认识到预防接种可能达到的最终结果，他希望有朝一日可以令天花在地球上绝迹。他的梦想最后在全球的努力合作下取得成功，1970年天花病终于在地球消失。

人们已经研制出了多种疫苗，用来注入人体，抵抗各种疾病的袭击，有效地控制了天花、麻疹、霍乱、鼠疫、伤寒、流行性脑炎、肺结核等许多传染病的蔓延。

疫苗能免疫的原因

那么，人体注射了疫苗，为什么能预防传染病呢？当抗原进入人体后，它可以刺激人体内产生一种与其相应的抗体物质。抗体具有抑制和杀灭病原菌的功能，这便是人体内的免疫作用。例如种牛痘之所以能预防天花，就是因为预防接种后，抗原物质作用于人的机体，除了引起体内先天性免疫增强外，还能刺激人体内产生大量抗体和免疫活性物质——转移因子、干扰素等，这样，人体对再次侵入的天花病毒就具有自动获得的免疫力了。

献身科学的生物学家们

XIANSHENKEXUEDESHENGWUXUEJIAMEN

生物学是一门研究生物的结构、功能、发生和发展的规律的自然科学。生物学的发展离不开那些投身生物研究事业的科学家们的努力，他们为人类的生存和发展作出了杰出的贡献，让我们共同铭记这些可钦可敬的生物科学家们！

乐观是希望的明灯，它指引着你从危险峡谷中步向坦途，使你得到新的生命、新的希望，支持着你的理想永不泯灭。

——达尔文

达尔文——进化论的奠基人

DAERWEN—JINHUALUNDEDIANJIREN

查尔斯·罗伯特·达尔文，英国生物学家、博物学家。达尔文早期因地质学研究而著名，而后又提出科学证据，证明所有生物物种是由少数共同祖先，经过长时间的自然选择过程后演化而成。到了1930年代，达尔文的理论成为对演化机制的主要诠释，并成为现代演化思想的基础，在科学上可对生物多样性进行一致且合理的解释，是现今生物学的基石。

成长历程

1809年2月12日查尔斯·达尔文出生在英国萧布夏郡什鲁斯伯里的一个富裕家庭里，他是这个家庭6个小孩中的第5个，他的父亲和祖父都是医生。

达尔文在8岁的时候进入了一所由牧师授课的学校，这一年他的母亲去世了。1825年他进入爱丁堡大学学习医学。在学校中，他对自然科学发生了很大的兴趣。他的父亲因为不满儿子在课业上没有进展，于是就将达尔文送入剑桥大学基督学院就读人文学士课程，并期望他成为一位拥有不错收入的圣公会牧师。在剑桥他认识了一位植物学的教授约翰·史帝文斯·亨斯洛，也是昆虫学家。不久之后达尔文加入了亨斯洛的博物学课程，并成为亨斯洛教授最喜爱的学生。

“贝格尔号”之旅

1831年12月7日，23岁的达尔文“贝尔格号”，这是一艘排水量仅有一艘排水量仅235吨的小帆船从面临英吉利海峡的雷本港向大西洋进发。22岁的青年查尔斯·达尔文所乘坐的这艘船是英国海军的测量船。这艘船此次出航的目的是要作为时五年的世界探险。最初达尔文在南美海岸调查，并多次进入南美洲西边的加拉巴哥群岛，经过太平洋到达新西兰、澳大利亚及南非，然后又回到南美洲，直到1836年10月才回到英国。

在为期五年（1831~1836）的勘探活动中，达尔文仔细地记录了大量地理现象、化石和生物体，并系统地收集了许多标本，它们中的许多是科学上的新物种。每隔一段时间，他将这些航行中收集的标本与记录这些发现的信件寄予剑桥大学，很快他就成为了一个富有盛誉博物学家。达尔文的这些详尽的勘探记录显现了一个理论开创者的惊人天赋，并成为了他后期作品的理论基础。他的游记《贝格尔号之旅》一书，详尽地从社会学、政治学、和人类学的视角描述与总结了航行所及的土著与殖民地的风土人情。

进化论思想的形成

在加拉巴哥群岛考察时，达尔文发现每个岛屿上的陆龟及雀鸟并没有很大的差异，但又有些许的不同。他又发现加拉巴哥群岛的生物与南美洲大陆的种类非常相似；于是他开始怀疑岛上生物可能有共同的祖先，他们之间的差异是由于千百年来适应各个岛屿不同环境的结果。每一个物

我能成为一个科学家，最主要的原因是：对科学的爱好；思索问题的无限耐心；在观察和搜集事实上的勤勉；一种创造力和丰富的常识。

——达尔文

种都是一些细微的变化在无数个世代的过程中产生的结果。

这个观点在当时并不是新的概念。1809年时，法国动物学家拉马克便提出：当环境改变时，物种会调适发展自己的器官来适应环境，常用的器官会发育变大、不用的器官会逐渐退化，并且这一代获取的改变会遗传给下一代；但没有科学证据可以证明“用进废退”和“获得性特征可遗传”的假说。

《物种起源》与“进化论”的确立

在“贝格尔号”上的这次航行经历改变了达尔文的生活，“物竞天择”的概念逐渐在达尔文的五年环球考察过程中形成。返回英格兰之后，达尔文开始潜心研究进化论。1838年，达尔文又从英国人口学者马尔萨斯所著的《人口论》获得灵感；马尔萨斯认为：人类粮食的生产永远无法赶上人口的增加，致使粮食供不应求，进而发生饥荒或战争，导致一部分人口死亡。达尔文以此联想到生物演化发生的机制：演化是生存竞争中自由淘汰的结果，食物与空间等资源有限，只有最适应环境的个体才能生存下来，延续族群。

但是，达尔文对公开研究结果取审慎的态度，他只是将自己的研究成果慢慢写出，只在友人中传看。1858年，达尔文接到在马来群岛调查的博物学者华莱士有关物种形成的文章；华莱士对于物种形成的看法与他有很多相似之处，这增加了达尔文对进化论的信心。于是，两人在1858年，以共同署名的方式，发表了有关物种

人的进化过程

形成的看法。1859年，达尔文发表了《物种起源》问世，在当时反响强烈。在接下来的20年间，达尔文继续搜集资料，对进化论进行充实，并阐述其后果和意义。

争议和科学验证

达尔文的进化论在当时备受争议，被基督教会视为异端邪说，达尔文冷也遭到了冷嘲热讽。因为达尔文的理论不仅意味着西方信奉已久的上帝创造万物的说法被推翻，而且人类也是千物竞天择的产物，且人与其他哺乳动物有着共同的祖先，这是对上帝和基督教教义的亵渎，在当时，其震撼力无异于石破天惊。

同时，由于达尔文的理论在当时也并非完美无缺，由于并非了解遗传机制，所以未能解释个体间的偶然差异是怎样产生的；这一点，为之后的奥地利遗传学家孟德尔的遗传定律所完善，最终形成现在广泛为人接 受的现代综合理论。

20世纪50年代，人类基因被发现，进一步解开了进化论中物种内出现差异的原因和怎样通过繁殖遗传这些差异。而对各种动物DNA的对比研究，更加确认了共同祖先的理论。

赫胥黎的传世名言："尽可能广泛地涉猎各门学问，并且尽可能深入地择一钻研。"并且他所坚持的"优胜劣汰"等观点现在已经成为了人们的名言警句。

赫胥黎——达尔文的坚定追随者

HEXULI—DAERWENDEJIANDINGZHUISUIZHE

托玛斯·亨利·赫胥黎是英国的生物学家，也是一位解剖学家。因捍卫查尔斯·达尔文的进化论而被人称为"达尔文的坚定追随者"。他为了对抗理查德·欧文的理论而提出的科学论证显示出人类和大猩猩的脑部解剖具有十分的相似性。虽然他坚定的捍卫达尔文的学说，但是他并不完全接受达尔文的许多看法，比如说渐进主义。而且，相对于捍卫天择理论，他对于提倡唯物主义科学精神更感兴趣。作为科普工作的倡导者，他创造了概念"不可知论"来形容他对宗教信仰的态度。他还创造了概念"生源论",这一理论是说一切细胞起源于其他物质也叫"自然发生",就是说生命来自于无生命物质。

托玛斯·亨利·赫胥黎（1825~1895年）

早期生活

赫胥黎生于伦敦西部，是当地数学教师乔治·赫胥黎8个孩子中的第7个。在他10岁那年，随着父亲的失业，上二年级的小赫胥黎便失学了，于是他决心要自己教育自己。从此，他成了一个伟大的自学成才者。在他的少年时代,他自学了德语,最终能够流利使用。

21岁的赫胥黎,作为一个年轻的自学考生，他在伦敦大学通过了初次的医学士考试，而且解剖学及生理学两个科目都得到最优等成绩。1845年他发表了自己的第一篇科学论文，描述了毛发内尚无人发现的一层构造，此后该层构造即被称为"赫胥黎层"。

之后，赫胥黎前往英国海军谋职，并且获得了驻舰外科医官的职位。在他所乘坐的响尾蛇号驶离英国，抵达南半球之后，赫胥黎即埋首于研究海洋无脊椎动物。他开始将他的发现内容陆续的寄回英国。

进化论大论战

1860年6月30日，关于进化论大论战的第一个回合，在牛津大学面对面地展开了。这是英国科学促进协会召开的辩论会。以赫胥黎、胡克等达尔文学说的坚决支持者为一方，以大主教威伯福士率领的一批教会人士和保守学者为另一方，摆开

中国近代启蒙思想家、翻译家严复译述了赫胥黎的部分著作，取名为《天演论》，以“物竞天择，适者生存”的观点号召人们救亡图存。

了论战的阵势。面对威伯福士之流的恶毒攻击和挑衅责难，赫胥黎从容不迫地走上了讲台，用平静、坚定、通俗易懂的语言，简要地所有人宣传了进化论的内容，然后尖锐地批驳了大主教的一派胡言，回敬了其的无耻挑衅。就这样，赫胥黎用雄辩的事实，富有逻辑性的论证，同大主教的空洞谩骂，形成了鲜明的对比。现场的听众们都为赫胥黎的精彩演讲热烈鼓掌。最终以赫胥黎的完胜结束了第一回合的论战。

但是，战斗到此还远没有结束。在为宣传进化论而进行的几十年的斗争中，赫胥黎一直站在斗争的最前线，充当捍卫真理的“斗犬”。人们为此高度评价赫胥黎坚持真理、捍卫和传播科学真理的崇高品格。赫胥黎并不是思想古板的守旧者，他在捍卫达尔文真理的同时，并不完全接受达尔文的理论,相对于捍卫自然选择理论，他对唯物主义专业科学精神更加推崇。

成就及荣誉

赫胥黎一生发表过150多篇科学论文，比如《人类在自然界的位置》、《动物分类学导论》、《非宗教家的宗教谈》、《进化论与伦理学》。内容不仅包括动物学和古生物学，而且涉及地质学、人类学和植物学等方面。1849年，赫胥黎的一篇论文“论水母科动物的解剖构造及其间的亲属关系”被英国皇家学会的“哲学会报”刊出。赫胥黎发现此纲生物的共同点是具有由双层膜所包围形成的中央空腔或消化道。他还把这个特征比作存在于较高等动物的胚胎中的浆液性和粘液性构造。

赫胥黎在1850年返英时获选为皇家学会院士。第二年，他不仅以26岁的年纪获颁皇家勋章，而且还获选为评议会议员。并且在1888年的时候，由英国皇家学会授予科普利奖章。

赫胥黎不但自己获得了很多的荣誉，他还创立了英国学术界十分著名的家庭，其中包括他的孙子奥尔德斯·赫胥黎成为了很有名的作家，并且写出了《美丽新世界》这样的名作，还有联合国教科文组织首任主席朱利安·赫胥黎爵士，创立了“世界自然基金会”，获得诺贝尔奖的生理学家安德鲁·赫胥黎爵士，都是他的家族成员。

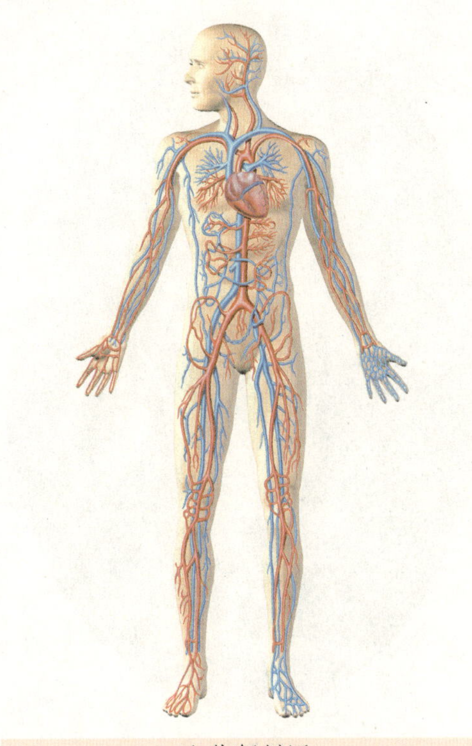

人体解剖图

任何一项科学研究成果的取得，不仅需要坚韧的意志和持之以恒的探索精神，还需要严谨求实的科学态度和正确的研究方法。

——孟德尔

孟德尔——现代遗传学之父

MENGDEER—XIANDAIYICHUANXUEZHIFU

成长历程

1822年，门德尔出生在奥地利西里西亚（现属捷克）海因策道夫村的一个贫寒的农民家庭里，父亲和母亲都是园艺家（外祖父是园艺工人）。门德尔童年时受到园艺学和农学知识的熏陶，对植物的生长和开花非常感兴趣。

1840年他考入奥尔米茨大学哲学院，主攻古典哲学，但他还学习了数学。学校需要教师，当地的教会看到门德尔勤奋好学，就派他到首都维也纳大学去念书。

1843年大学毕业以后，年方21岁的门德尔进了布隆城奥古斯汀修道院，并在当地教会办的一所中学教书，教的是自然科学。

孟德尔

豌豆怪人

1856年，从维也纳大学回到布鲁恩不久，门德尔就开始了长达8年的豌豆实验。1857年，捷克第二大城市布尔诺南郊的农民们发现，布尔诺修道院里来了个奇怪的修道士。这个“没事找事”的怪人在修道院后面开垦出一块豌豆田，终日用木棍、树枝和绳子把四处蔓延的豌豆苗支撑起来，让它们保持“直立的姿势”，他甚至还小心翼翼地驱赶传播花粉的蝴蝶和甲虫。

这个怪人就是门德尔。在其他修道士眼中，门德尔的样子是使人过目不忘的：“头大，稍胖，戴着大礼帽，短裤外套着长靴，走起路晃晃荡荡，却有着透过金边眼镜凝视世界的眼神。”

门德尔出身于贫寒农家，很喜欢自然科学，对宗教和神学并无兴趣。为了摆脱饥寒交迫的生活，他不得不违心进入修道院，成为一名修道士。

当时的欧洲，人们热衷于通过植物杂交实验了解生物遗传和变异的奥秘，而研究遗传和变异首先要选择合适的实验材料，门德尔选择了豌豆做研究。1857年夏天，门德尔开始用34粒豌豆种子进行他的工作，开始了被人称为“毫无意义的举动”的一系列实验，并持续了8年时间。

随着科学家破译了遗传密码，人们对遗传机制有了更深刻的认识。现在，人们已经开始向遗传控制、遗传疾病、合成生命等研究方向前进。然而，所有这一切都与那个献身于科学的修道士的名字相连，那就是门德尔。

豌豆实验

门德尔通过人工培植这些豌豆，对不同代的豌豆的性状和数目进行细致入微的观察、计数和分析。运用这样的实验方法需要极大的耐心和严谨的态度。他酷爱自己的研究工作，经常向前来参观的客人指着豌豆十分自豪地说："这些都是我的儿女！"

8个寒暑的辛勤劳作，门德尔发现了生物遗传的基本规律，并得到了相应的数学关系式。人们分别称他的发现为"门德尔第一定律"（即门德尔遗传分离规律）和"门德尔第二定律"，它们揭示了生物遗传奥秘的基本规律。

门德尔清楚自己的发现所具有的划时代意义，但他还是慎重地重复实验了多年，以期更加臻于完善。1865年，门德尔在布鲁恩科学协会的会议厅，将自己的研究成果分两次宣读。第一次，与会者礼貌而兴致勃勃地听完报告，门德尔只简单地介绍了试验的目的、方法和过程，为时一小时的报告就使听众如坠入云雾中。

迟到的孟德尔时代

门德尔晚年曾经充满信心地对他的好友说："看吧，我的时代来到了。"这句话成为伟大的预言。直到门德尔逝世16年后，豌豆实验论文正式出版后34年，他从事豌豆试验后43年，预言才变成现实。

孟德尔和他种植的豌豆

随着20世纪雄鸡的第一声啼鸣，来自三个国家的三位学者同时独立地"重新发现"门德尔遗传定律。1900年，成为遗传学史乃至生物科学史上划时代的一年。从此，遗传学进入了门德尔时代。

随着科学家破译了遗传密码，人们对遗传机制有了更深刻的认识。现在，人们已经开始向控制遗传机制、防治遗传疾病、合成生命等更大的造福于人类的工作方向前进。然而，所有这一切都与圣托马斯修道院那个献身于科学的修道士的名字相连。

门德尔科研精神告诉我们任何一项科研成果的取得，不仅需要坚韧的意志和持之以恒的探索精神，还需要严谨求实的科学态度和正确的研究方法。

知识链接

孟德尔的自由组合规律

门德尔在揭示了由一对遗传因子（或一对等位基因）控制的一对相对性状杂交的遗传规律——分离规律之后，这位才思敏捷的科学工作者，又接连进行了两对、三对甚至更多对相对性状杂交的遗传试验，进而又发现了第二条重要的遗传学规律，即自由组合规律，也有人称它为独立分配规律。

立志是一种很重要的事情。工作随着志向走，成功随着工作来，这是成功定律。立志、工作、成功，是人类活动的三大要素。立志是事业的大门，工作是登堂入室的旅程，旅程的尽头就是成功。——路易斯·巴斯德

巴斯德——微生物学之父

BASIDE—WEISHENGWUXUEZHIFU

巴斯德（1822~1895），法国微生物学家、化学家。他研究了微生物的类型、习性、营养、繁殖、作用等，奠定了工业微生物学和医学微生物学的基础，并开创了微生物生理学，被后人誉为“微生物学之父”。在《影响人类历史进程的100名人排行榜》一书中，巴斯德名列第11位。其发明的巴氏消毒法直至现在仍被广泛应用。

生平简介

巴斯德于1822年生于法国汝拉省的多尔，他的父亲是拿破仑军队的一名退伍军人，是个以制革为业的硝皮匠。巴斯德勤奋好学，再加上聪明伶俐，颇具艺术天分，很有可能成为一名画家。然而，他19岁时放弃绘画，而一心投入到科学事业中。

晚年的路易斯·巴斯德

1847年，巴斯德毕业于巴黎师范学院，毕业后，他从事化学研究，他在晶体研究方面取得了很大的成就，这对立体化学起到了决定性的推动作用，巴斯德因此而一举成名，之后他接到许多教授聘任书，并成为荣誉勋位团的成员。他虽然首先在化学方面功成名就，但使他彪炳史册的却是他在微生物学方面的巨大贡献。

发现酵母发酵的奥秘

1854年，法国教育部委任巴斯德为里尔工学院院长兼化学系主任，在那里，他对酒精工业发生了兴趣，而制作酒精的一道重要工序就是发酵。当时里尔一家酒精制造工厂遇到技术问题，请求巴斯德帮助研究发酵过程，巴斯德深入工厂考察，把各种甜菜根汁和发酵中的液体带回实验室观察。经过多次实验，他发现，发酵液里有一种比酵母菌小得多的球状小体，它长大后就是酵母菌。巴斯德弄清了发酵的奥秘，从此以后，巴斯德最终成为一位伟大的微生物学家，成了微生物学的奠基人。

三项伟大成就

巴斯德一生进行了多项探索性的研究，取得了重大成果，是19世纪最有成就

尽管延长生命的功劳并非全部归功于巴斯德，但巴斯德的贡献是如此的重要，以致毫无疑问的是，降低人类死亡率的大部分荣誉应归功于巴斯德。巴斯德不仅是人类历史上最具影响力的人物之一，也是最值得所有人尊敬的人。

的科学家之一。他用一生的精力证明了三个科学问题：

1. 每一种发酵作用都是由于一种微菌的发展，这位法国化学家发现用加热的方法可以杀灭那些让啤酒变苦的恼人的微生物。很快，“巴氏杀菌法”便应用在各种食物和饮料上。

2. 每一种传染病都是一种微菌在生物体内的发展：由于发现并根除了一种侵害蚕卵的细菌，巴斯德拯救了法国的丝绸工业。

3. 传染病的微菌，在特殊的培养之下可以减轻毒力，使他们从病菌变成防病的疫苗。他意识到许多疾病均由微生物引起，于是建立起了细菌理论。

路易斯·巴斯德被世人称颂为“进入科学王国的最完美无缺的人”，他不仅是个理论上的天才，还是个善于解决实际问题的人。他于1843年发表的两篇论文——《双晶现象研究》和《结晶形态》，开创了对物质光学性质的研究。1856~1860年，他提出了以微生物代谢活动为基础的发酵本质新理论，1857年发表的“关于乳酸发酵的记录”是微生物学界公认的经典论文。1880年后又成功地研制出鸡霍乱疫苗、狂犬病疫苗等多种疫苗，其理论和免疫法引起了医学实践的重大变革。此外，巴斯德的工作还成功地挽救了法国处于困境中的酿酒业、养蚕业和畜牧业。

巴斯德在实验室工作

知识链接

巴氏灭菌法

巴氏灭菌法又称低温灭菌法，先将要求灭菌的物质加热到65℃保持30分钟或72℃保持15秒钟，随后迅速冷却到10℃以下。这样既不破坏营养成分，又能杀死细菌的营养体。巴斯德发明的这种方法解决了酒质变酸的问题，拯救了法国酿酒业。现代的食品工业多采取间歇低温灭菌法进行灭菌。可见，巴斯德的功绩影响了整个食品工业的发展。

对医学的贡献

巴斯德被认为是医学史上最重要的杰出人物。虽然巴斯德并不是病菌的最早发现者，但是，巴斯德不仅勇敢地提出关于病菌的理论，而且通过大量实验，证明了他的理论的正确性，令科学界信服，这是他在医学方面最重要的贡献。

巴斯德这位法国化学家和生物学家是医学史上首屈一指的重要人物。巴斯德对科学做出了许多贡献，但是他却以倡导疾病细菌学说、发明预防接种方法而最为闻名于世。

林奈（1707~1778），瑞典植物学家、冒险家，首先构想出定义生物属种的原则，并创造出统一的生物命名系统。

林奈——现代生物学分类命名的奠基人

LINNAI—XIANDAISHENGWUXUEFENLEIMINGMINGDEDIANJIREN

17世纪后，随着科学技术的发展，博物学家搜集到大量的动物、植物和化石等标本。在1600年，人们就知道了约6000种植物，而100年后，植物学家又发现了12000个新种。到了18世纪，对生物物种进行科学的分类变得尤为迫切。林奈正是生活在这一科学发展时期的杰出代表之一。

成长环境

林奈1707年生于有“北欧花园”之称的瑞典斯科讷地区的罗斯胡尔特拉，在这样花园般的环境里成长的林奈受到环境熏陶，因此十分喜爱植物，他曾说：“花园与母乳一起激发我对植物不可抑制的热爱。”林奈也因此，八岁时就获得“小植物学家”的别名。

卡尔·冯·林奈，瑞典自然学者，现代生物学分类命名的奠基人。

林奈在小学和中学的学业不突出，只是对树木花草有异乎寻常的爱好。他把时间和精力大部分用于到野外去采集植物标本及阅读植物学著作上。

求学之路

一位叫罗斯曼的教师看中了林奈特殊的才华和毅力，经常带他到自己家中看书，并给予指导。在罗斯曼老师的鼓励下，林奈终于在20岁时以优异的成绩考进瑞典隆德城大学，23岁便成为这所大学颇有名气的植物学教师。从此，他进入了向往已久的动植物研究领域。

1732年，林奈得到瑞典科学院的资助，独自一人骑马到瑞典北部的拉帕兰地区考察了五个月，采集了大量植物标本，其中一百多种是前人没有记载的。林奈将考察结果整理成《拉帕兰植物志》一书，受到了植物学界的赞誉。为表彰他的功绩，瑞典科学院特意把当地产的一个植物属命名为“林奈木属”。

初露锋芒

1732年后，林奈留学荷兰，获得了医学博士学位。他周游了荷兰、英、法等国，系统整理了自己多年的考察数据，发表了许多著作，包括划时代巨著《自然系统》。在这部书中，他阐述了矿物的形成，植物的生长和生活，动物的生长、生

活。“双名法”在书中首次出现，林奈从此驰名世界。

在国外的3年是林奈一生中最重要的时期，这是他学术思想成熟、初露锋芒的阶段。1738年林奈回到故乡，到母校乌普萨拉大学任教。从1741年起，他担任植物学教授，潜心研究动植物分类学。在此后的20余年里，林奈共发表了180多种科学论著，特别是1753年发表的《植物种志》一书，是他历时七年的心血结晶。这部著作共收集了5938种植物，用林奈新创立的“双名命名法”对植物进行统一命名。

植物分类命名法

在林奈以前，由于没有一个统一的命名法则，各国学者都按自己的一套工作方法命名植物，致使植物学研究困难重重。其困难主要表现在三个方面：一是命名上出现的同物异名、异物同名的混乱现象；二是植物学名冗长；三是语言、文字上的隔阂。林奈依雄蕊和雌蕊的类型、大小、数量及相互排列等特征，将植物分为24纲、116目、1千多个属和1万多个种。纲、目、属、种的分类概念是林奈的首创。

知识链接

分类学之父

现生物学家们仍在使用林奈所完善了的分类和命名方法来给每一个物种起名字。每个读过生物的学生，无不小心翼翼地维护着双名法的光辉。这种方法，严格来说，并不是林奈第一个发明的，但他在1753年的《植物种志》中大力推广了这套系统，使得他本人当仁不让地成为了分类学之父。

林奈的故居

林奈用拉丁文定植物学名，统一了术语，促进了交流。他采用双名制命名法，即植物的常用名由两部分组成，前者为属名，要求用名词；后者为种名，要求用形容词。林奈的植物分类方法和双名制被各国生物学家所接受，植物王国的混乱局面也因此被他调整得井然有序。他的工作促进了植物学的发展，林奈是近代植物分类学的奠基人。

杰出贡献

林奈在生物学中的最主要的成果是建立了人为分类体系和双名制命名法。在他看来：“知识的第一步，就是要了解事物本身。这意味着对客观事物要具有确切的理解；通过有条理的分类和确切的命名，我们可以区分开认识客观物体——分类和命名是科学的基础。”《自然系统》一书是林奈人为分类体系的代表作。

18世纪生物学的进步是和林奈紧紧相连的。瑞典政府为纪念林奈这位杰出的科学家，先后建立了林奈博物馆、林奈植物园等，并于1917年成立了瑞典林奈学会。

摩尔根——现代实验生物学奠基人

MOERGEN—XIANDAISHIYANSHENGWUXUEDIANJIREN

摩尔根，美国生物学家和遗传学家。发现染色体的遗传机制，并创立了染色体遗传理论，是现代实验生物学的奠基人。1933年获诺贝尔医学和生理学奖。1939年获英国皇家学会颁发的科普利奖。

童年趣事

摩尔根父亲和母亲的家族都是当年南方奴隶制时代的豪门贵族。虽然由于南北战争中南方的失败，家境已经败落，但摩尔根的父亲和母亲却都以昔日的荣耀为自己最大的自豪，并希望小摩尔根能够重振家族的雄风。

小摩尔根生来就是一个“博物学家”，对大自然中的一切都充满了好奇心。他最喜欢的游戏就是到野外去捕蝴蝶、捉虫子、掏鸟窝和采集奇形怪状并色彩斑斓的石头。他经常趴在地上半天不起来，仔细观察昆虫是如何采食、如何筑巢。有时他还会把捕捉到的虫、鸟带回家去解剖，看看它们身体内部的构造。

摩尔根

小摩尔根的另一个爱好是看书，特别是那些关于大自然、生物学方面的书。如果没有人叫他吃饭的话，他可以一整天泡在书房里。

科学征途

摩尔根对知识的热爱，使他在学习上倾注了极大的热情。他14岁考入肯塔基州立学院的预科学习。两年后，16岁的摩尔根顺利地转入了大学本科，他选择了理科专业，学习数学、物理学、化学、天文学、博物学、农学和应用工程学等。他最感兴趣的博物学贯穿于大学四年的课程之中。

当摩尔根大学毕业时，他还没有想好自己将来的发展方向。同学们毕业后有的经商，有的从教，有的办农场，有的去了地质队，而摩尔根对这些工作都不感兴趣。用他自己的话说：自己是因为不知道干什么好，只有考研继续读书。

他报考了霍普金斯大学研究生院的生物学系，这是个以医学和生物学见长的大学，办学方向侧重于研究生教育，特别是它非常强调基础研究和培养学生的动手实验能力。这所大学生的物学专业侧重于基础科学研究，并且课程几乎都是在实验室里上的，纯粹的课堂讲授实际上是被取消了。

1941年，摩尔根以75岁高龄宣布退休，离开了实验室。1945年底他因病去世。人们对他最好的纪念，也许要算将果蝇染色体图中基因之间的单位距离叫做“摩尔根”。他的名字作为基因研究的一个单位而长存于世。

在教学思想和教学方法上，霍普金斯大学走在了美国其他大学的前面，这也是它后来培养出7名诺贝尔生理学及医学奖获得者、成为世界著名学府的成功原因之一。

两年后，摩尔根获得了硕士学位，他的母校肯塔基州立学院给他寄来了博物学教授的聘书。此时的摩尔根已经坚定了从事生物学基础研究的理想，他留在了霍普金斯大学，继续攻读博士研究生。

伟大的发现

在攻读博士研究生期间和获得博士学位后的10多年里，摩尔根主要从事实验胚胎学的研究。1900年，门德尔逝世16年后，他的遗传学说才被人们重新发现。摩尔根也逐渐将研究方向转到了遗传学领域。

门德尔开始用果蝇进行诱发突变的实验，他的实验室被同事戏称为“蝇室”，1910年5月，这里产生了一只奇特的雄蝇，它的眼睛不像同胞姊妹那样是红色，而是白的。这显然是个突变体，注定会成为科学史上最著名的昆虫。

摩尔根用这只白色果蝇同一只正常的红眼雌蝇交配，繁衍成一个大家系。这个家系的子一代全是红眼的，显然红对白来说，表现为显性。他又使子一代交配，结果发现了子二代中的红、白果蝇的比例正好是3：1，这也是门德尔的研究结果，于是摩尔根对门德尔更加佩服了。

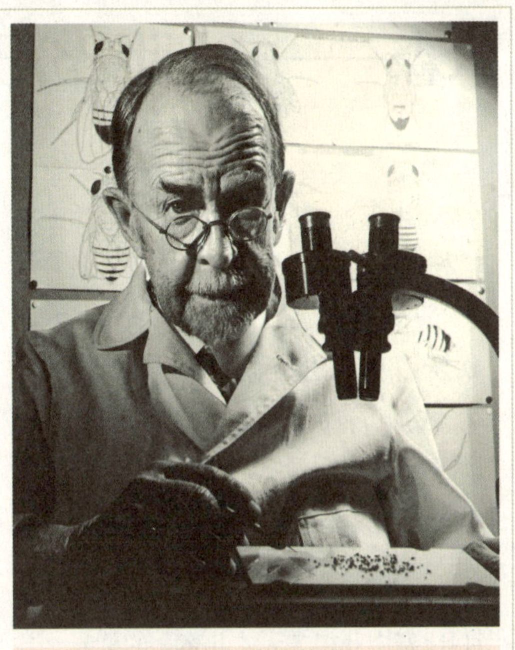

摩尔根在做实验

摩尔根决心沿着这条线索追下去，看看动物到底是怎样遗传的。他进一步观察，发现子二代的白眼果蝇全是雄性，这说明性状（白）的性别（雄）的因子是连锁在一起的，而细胞分裂时，染色体先由一变二，可见能够遗传性状、性别的基因就在染色体上，它通过细胞分裂一代代地传下去。

染色体就是基因的载体！基因学说从此诞生了，男女性别之谜也终于被揭开了。从此遗传学结束了空想时代，重大发现接踵而至，并成为20世纪最为活跃的研究领域。为此，摩尔根荣获了1933年诺贝尔生理学及医学奖。

知识链接

基因学

基因学是关于基因研究的学科，人类基因组计划是美国科学家于1985年率先提出的，旨在阐明人类基因组30亿个碱基对的序列，发现所有人类基因并搞清其在染色体上的位置，破译人类全部遗传信息，使人类第一次在分子水平上全面地认识自我。

沃森被许多人描述为：才华横溢、直言不讳、性格怪异。他知识渊博而不迂腐。沃森精力非常旺盛，从学生时代开始他就很喜欢打网球，每天都坚持打一会儿网球。

沃森——二十世纪分子生物学的带头人之一

WOSEN—ERSHISHIJIFENZISHENGWUXUEDEDAITOURENZHIYI

沃森，美国生物学家，美国科学院院士。由于提出DNA的双螺旋结构而获得1962年诺贝尔生理学或医学奖，被称谓DNA之父。

沃森的人生历程

沃森1928年出生于美国芝加哥。孩提时代就非常聪明好学，他有一个口头禅就是"为什么？"，并且简单的回答还不能满足他的要求。他通过阅读《世界年鉴》记住了大量的知识，因此在参加一次广播节目比赛中获得"天才儿童"的称号，并赢得100美元的奖励。他用这些钱买了一个双筒望远镜，专门用它来观察鸟。这也是他和爸爸的共同爱好。

由于有异常天赋，沃森15岁时就进入芝加哥大学就读。在大学的学习中，凡是他喜欢的课程就学得好，例如《生物学》、《动物学》成绩就特别突出，而不喜欢的课程就不怎么样了。他曾打算以后能读研究生，专门学习如何成为一名"自然历史博物馆"中鸟类馆的馆长。

沃　森

1950年完成博士学业后，沃森来到了欧洲。先是在丹麦的哥本哈根工作，后来就加入著名的英国剑桥大学的卡文迪什实验室工作。从那时起，沃森知道DNA是揭开生物奥秘的关键。他下决心一定要解决DNA的结构问题。他很幸运能和弗朗西斯·克里克共事，尽管彼此的工作内容不同，但两人对DNA的结构都非常感兴趣。1953年他们终于建构出了第一个DNA的精确模型，这一问题的解决，在当时被认为是至今科学上最伟大的发现之一。

1962年，沃森与克里克，偕同威尔金斯共享诺贝尔生理或医学奖。莫里斯·威尔金斯和罗莎琳德·富兰克林提供了有关DNA结构的必要数据。沃森为此专门写了一本书《双螺旋——发现DNA结构的故事》，于1968年发表。这本书是首次采用谈话的形式描述进行科学发现的详细过程，一直畅销不衰。

1956沃森到哈佛大学任生物学的助理教授。在那里他的研究重点是DNA在基因信息传递中所起的作用。1976年沃森担任美国冷泉港实验室主任。沃森使冷泉港实验室成为世界上最好的实验室之一，该实验室主要从事肿瘤、神经生物学和分子

遗传学的研究。

沃森在生物科学的发展中起了非常大的作用，例如在攻克癌症研究上，在重组DNA技术的应用上等等。他还是人类基因组计划的倡导者，1988~1993年曾担任人类基因组计划的主持人。

DNA之父

沃森在1951年到剑桥之前，曾经做过用同位素标记追踪噬菌体DNA的实验，他坚信DNA就是遗传物质。据沃森的回忆，他到剑桥后发现克里克也是“知道DNA比蛋白质更为重要的人”。但是按克里克本人的说法，他当时对DNA所知不多，并未觉得它在遗传上比蛋白质更重要，只是认为DNA作为与核蛋白结合的物质，值得研究。对一名研究生来说，确定一种未知的分子结构，本就是一个值得一试的课题。

在确信了DNA是遗传物质之后，还必须理解遗传物质需要什么样的性质才能发挥基因的功能。沃森后来也强调薛定谔的《生命是什么》一书对他的重要影响，

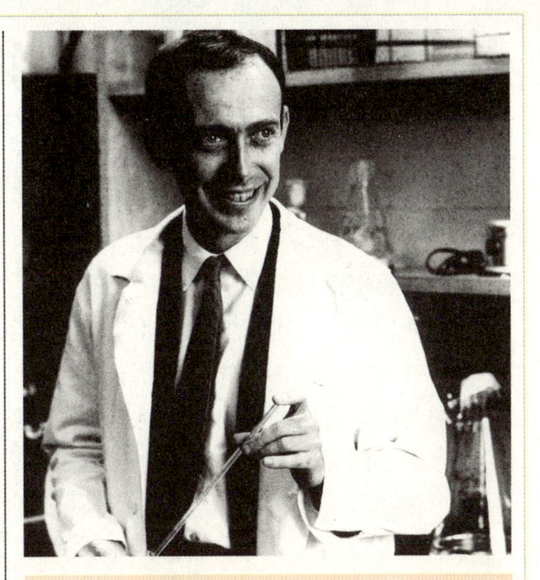

在实验室工作的沃森

他甚至说他在芝加哥大学时读了这本书之后，就立志要破解基因的奥秘。

正是因为沃森和克里克坚信DNA是遗传物质，并且理解遗传物质应该有什么样的特性，才能根据如此少的资料，做出如此重大的发现。

在论文中，沃森和克里克以谦逊的笔调，暗示了这个结构模型在遗传上的重要性。在随后发表的论文中，沃森和克里克详细地说明了DNA双螺旋模型对遗传学研究的重大意义：

1. 它能够说明遗传物质的自我复制。

2. 它能够说明遗传物质是如何携带遗传信息的。

3. 它能够说明基因是如何突变的。

DNA双螺旋模型的发现，是20世纪最为重大的科学发现之一，也是生物学历史上唯一可与达尔文进化论相比的最重大的发现，它与自然选择一起，统一了生物学的大概念，标志着分子遗传学的诞生。

知识链接

遗传密码

遗传密码决定蛋白质中氨基酸顺序的核苷酸顺序，由3个连续的核苷酸组成的密码子所构成。由于脱氧核糖核酸（DNA）双链中一般只有一条单链（称为有义链或编码链）被转录为信使核糖核酸（mRNA），而另一条单链（称为反义链）则不被转录，所以即使对于以双链DNA作为遗传物质的生物来讲，密码也用核糖核酸（RNA）中的核苷酸顺序而不用DNA中的脱氧核苷酸顺序表示。

托马斯是少有的能把枯燥的科学写成畅销书的科普作家。在美国托马斯是一个家喻户晓的名字。许多人为他着迷，信服他透彻的说理，痴迷于他优美的文笔，被他的机智的幽默的语言表达方式所吸引。

托马斯——擅长写作的生物学家

TUOMASI—SHANCHANGXIEZUODESHENGWUXUEJIA

生平简介

刘易斯·托马斯博士1913年生于美国纽约，1994年逝世。美国医学家，生物学家，科普作家，美国科学院院士。就读于普林斯顿大学和哈佛医学院，历任明尼苏达大学儿科研究所教授、纽约大学贝尔维尤医疗中心病理学系和内科学系主任、耶鲁医学院病理学系主任、纽约市斯隆凯特林癌症纪念中心（研究院）院长，并荣任美国科学院院士。他以《细胞生命的礼赞》和《水母与蜗牛》两本书而闻名于世。

《细胞生命的礼赞》中文翻译版

细胞生命的赞礼

《生命的礼赞》自1974年出版后，立即引起美国读书界和评论界的巨大反响和热烈欢呼，获得当年美国国家图书奖，此后十八年来由好几家出版社印了二十多版，至今畅行不衰！

托马斯

年过花甲的刘易斯·托马斯的名字因这一本小书而家喻户晓，有口皆碑，以至于在他接连抛出后两本书时，书商都不用再作广告，只要喊声“《细胞生命的礼赞》一书作者刘易斯·托马斯的新着”就够了。

《细胞生命的礼赞》，这本书是一个医学家、生物学家关于生命、人生、社会乃至宇宙的思考。思想博大而深邃，信息庞杂而新奇，书中批评文明、嘲弄愚见、开阔眼界、激发思索。而其文笔又少见的优美、清新、幽默、含蓄。

科学技术普及，是指采用公众易于理解、接受和参与的方式，普及自然科学和社会科学知识，传播科学思想，弘扬科学精神，倡导科学方法，推广科学技术应用的活动。科学普及的生长点就在自然与人、科学与社会的交叉点上。

书中选取了独特的视角，打破以往的禁忌，将生物的行为与人类进行比较，指出蚂蚁、蜜蜂、黏菌、鱼类、鸟类等生物在集体行动中表现出高度的组织性，似乎具有整体思维的特点。这种从生态系统的整体上认识生物的见解，颇具独创性。托马斯对“多个单独的动物合并成一个生物的现象”作了有趣的分析，作为一个生物学家，他的见解并并非毫无根据的空谈，而是蕴含了深刻的科学思想。文中既有对传统生物学过分强调个体行为的批判，也有对人类盲目自大、不能充分认识自身生存危机的警示。本文细腻的描写，生动的文笔，幽默的语言，令人叹服。

《水母与蜗牛》中文翻译版

水母与蜗牛——人与自然的和谐共生

《水母与蜗牛》是托马斯的第二本文集。读过并仰慕托马斯的《细胞生命的礼赞》的人们，不由得会牵挂那水母和蜗牛的命运。托马斯就是有这种魅力，能通过这种不可思议，然而又富有洞见的观察，来说明生和死这些永恒的课题。

托马斯一直关注着自然界和人类社会中的共生、依存和合作的现象。共生与合作贯穿于他的第一本书和第二本书中在文章里，托马斯谈生谈死、谈人间、谈地狱、谈民主和自由的社会设计、谈水獭、金鱼和疣子，谈疾病、谈思维、谈诗、谈语言学和标点符号。

用他特有的托马斯式讴歌生命、保卫生命、捍卫生命固有的谐调、捍卫不容干犯的人性、干预社会机体和公众心理上的疾患——这时，他超越了科学家的范畴。但是，正因为他不止是一个科学家，他才是这样好的一个科学家。

知识链接

科普定义

科学普及是一种社会教育。作为社会教育它既不同于学校教育，也不同于职业教育。其基本特点是社会性、群众性和持续性。科学普及的特点表明，科普工作必须运用社会化、群众化和经常化的科普方式，充分利用现代社会的多种流通渠道和信息传播媒体，不失时机地广泛渗透到各种社会活动之中，才能形成规模宏大、富有生机、社会化的大科普。

形象地说，科学普及是以时代为背景，以社会为舞台，以人为主角，以科技为内容，面向广大公众的一台“现代文明戏”，在这个舞台上是没有传统保留节目的。

施莱登认为，细胞的基本生命特征是它的生命的两重性：即细胞具有主要生命特征——自己的生命的同时，还具有作为整个机体的组织结构的生命特征。

施莱登——细胞学说的创始人之一

SHILAIDENG—XIBAOXUESHUODECHUANGSHIRENZHIYI

人物简介

施莱登（1804~1881），德国植物学家，细胞学说的创始人之一。生于汉堡，卒于法兰克福。施莱登最早在德国海德堡学习法律专业，毕业后曾在汉堡作过律师。因为对植物学有着浓厚的兴趣，转而攻习植物学，并1831年于德国耶拿大学毕业。1838年，施莱登提出了一个关于细胞的生命特征、细胞的生理过程以及细胞的生理地位的理论，它标志着第一个较为系统的细胞学说的建立。1850年被聘为德国耶拿大学植物学教授。在获得医学和哲学双博士学位后，再次被耶拿大学聘为生物学教授。1863年任俄国多尔帕特大学植物学教授。施莱登也是最早接受达尔文进化理论的德国植物学家之一。

施莱登

曲折经历

值得一提的是，起先施莱登并没有学习植物学专业。1824到直至1827年期间，施莱登一直在海德堡大学求学，当时学习的是法律专业，毕业后在汉堡从事律师工作。那时是他人生的低谷时期，以至于他决定放弃自己的生命，虽然他用枪对准自己的前额，但最终自杀并没有成功。此后，他决定放弃法律转行从事自然科学方面的研究。很快他对植物学产生了兴趣，并用全部时间从事植物学研究。由于不满同时代植物学家的强调分类学，他更热衷于用显微镜研究植物的结构。经过多年的努力，1838年施莱登发表了《植物发生论》，说明植物体各部分均由细胞或细胞衍生物所组成。于是他就首次提出了一条生物学原则，这在当时还只是一种非正式的信念，而其重要性则堪比化学上的原子理论相提并论。

提出细胞学说

自17世纪英国科学家胡克把在显微镜下看到的木栓薄片中的小室称为“细胞”以来，不少学者对许多动植物在显微镜下结构都进行过描述，但并未引出规律性的概念。施莱登根据他多年在显微镜下观察植物组织结构的结果，认为在任何植物体中，细胞是结构的基本成分；低等植物由

施莱登提出了新细胞是从旧细胞产生出来的理论：一个新细胞起源于一个老细胞的核，接着便成为老细胞的球体中的一个裂片，然后分离出来又形成一个独立而完整的新细胞。

单个细胞构成，高等植物则由许多细胞组成。1838年，他发表了著名的《植物发生论》一文，提出了这一观点。该文刊登在1838年出版的《米勒氏解剖学和生理学文集》上。施莱登提出的这一关于细胞的生命特征、细胞的生理过程以及细胞的生理地位的理论，标志着第一个较为系统的细胞学说的建立。

研究个体发育

施莱登在担任耶拿大学植物学教授时，由于早年对植物生理学和植物解剖学进行过较为深入的探讨，后又受到自然哲学思潮的影响，他开始研究植物的个体发育。施莱登认为，对植物个体发育这一植物学新领域的研究，将得到更多更深植物生理方面的认识，因此，它比研究传统的植物分类学更为重要。在这种思想的指导下，施莱登十分重视研究细胞在个体发育中的作用。他认真地研究了当时另一位科学家布朗的观察报告，并通过植物解剖观察，他得到与布朗完全一致的发现。此后他认可布朗的观点，并观察到细胞核与细胞分裂有关。

施旺与施莱登共同建立细胞学说

知识链接

在建立细胞学说时，虽然施莱登和施旺已经具有当时发现的细胞内部结构这一实验基础，但他们更多地是依靠他们在自然哲学思潮的引导下所作的理论方面的探索。因此，学说中的某些基本内容，例如细胞本身的形成问题，在当时他们并未获得充分的实验证据。施莱登认为，新细胞是从老细胞的核内产生出来的；施旺则认为，新细胞是从老细胞核外的有机物质的晶体化过程中产生出来的。他们提出这个理论后不久，这一问题被德国著名显微解剖学家冯·穆尔发现的细胞的有丝分裂这一新的实验事实所修正。

建立细胞学说

施莱登发表《植物发生论》后，德国动物学家施旺将此概念扩展到动物学界，从而形成了所有植物和动物均由细胞构成这一科学概念，即“细胞学说”，并首次载于1839年发表的施旺所著的《动物和植物的结构与生长的一致性的显微研究》一文中。细胞学说论证了整个生物界在结构上的统一性，以及在进化上的共同起源。这一学说有力地推动了生物学的发展，并为辩证唯物论提供了重要的自然科学依据。“细胞学说”被恩格斯誉为19世纪自然科学三大发现之一，对生物科学的发展起了巨大的促进作用。

弗莱明发现青霉素后，英国病理学家弗劳雷、德国生物化学家钱恩进一步研究改进，并成功的用于医治人的疾病，三人共获诺贝尔生理或医学奖。

弗莱明——青霉素的发明者

FULAIMING—QINGMEISUDEFAMINGZHE

亚历山大·弗莱明（1881~1955），英国细菌学家。是他首先发现青霉素。青霉素，是人类找到的一种具有强大杀菌作用的药物。青霉素的发现，结束了传染病几乎无法治疗的时代，从此出现了寻找抗菌素新药的高潮，人类进入了合成新药的新时代。

正在做实验的弗莱明

成长经历

弗莱明的成长之路，远非一帆风顺。在他7岁时，父亲去世。由大哥和母亲将他和几个兄弟养大。他在贫穷落后的山区农村长大，这锻炼了他的观察能力和吃苦耐劳的精神。13岁左右，弗莱明在亲戚的帮助下就读于一所技校，16岁毕业后就去了一家专营美国贸易的船务公司上班。

1901年，当时弗莱明20岁，他的一个终身未婚的舅舅去世，弗莱明分到了250英镑遗产。哥哥汤姆敦促他善加利用这笔财富，建议他学习医学。同年7月，弗莱明通过各科考试，获得进入圣玛丽医院附属医学院的资格，并获得了学校提供的各种奖学金。

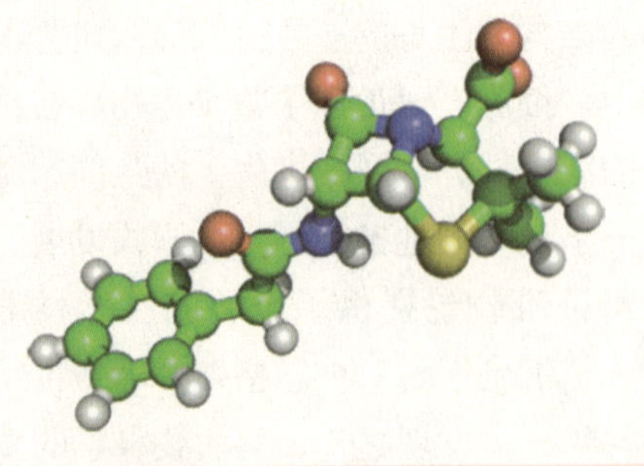

青霉素分子结构图

1906年弗莱明毕业后，留在了母校的研究室，帮助其导师赖特博士进行免疫学研究。1909年，弗莱明独自开始了尝试对痤疮进行免疫接种的研究，并成功改良了梅毒的繁琐检测程序。另外他也是那个时代少数掌握静脉注射技术的医生，这在当时还是一项非常先进的医疗技术。在伦敦，几乎只有他能为梅毒患者注射最新治疗药物——六零六，所有这一切都为他带来了学术上的初步声誉。

不严谨的后果——带来了重大发现

人类的许多重大发现，是因为科学家的不严谨甚至是错误和失误之后发现的。弗莱明也是如此，他一生中的两项最重大的发现，都是因自己在工作中的不严谨和不认真制造的错误促成的。

1921年11月，弗莱明患上了重感冒，在他培养一种新的黄色球菌时，不小心把滴清鼻涕滴到了固体培养基上，而他根本

青霉菌适合在较低温度下生长，葡萄球菌则在37度下生长最好。其次，在长满了细菌的培养基上，青霉菌无法生长。最后，青霉菌大约在5天后成熟并产生孢子，这时青霉素才会出现，而青霉素也只对快速生长中的葡萄球菌有溶菌作用。

没在意。结果两周后，当弗莱明在清洗前最后一次检查培养皿时，发现培养基上大量繁殖了黄色球菌，但粘液所在之处却没有，并出现了一种新的细菌群落，外观呈半透明如玻璃般。最后发现，那是他的鼻涕造成的现象。弗莱明因此发现了鼻涕里含有溶菌酶。

稀里糊涂的发现了青霉素

1928年7月下旬，因为弗莱明要外出度假，于是着急慌忙的把众多培养基未经清洗就堆在试验台阳光照不到的角落里，想着等度假回来就收拾。9月3号，度假归来的弗莱明，突然发现培养基边缘有一块白色奇怪的东西，这是以前试验中从来没有见过的现象，于是他深入研究后发现里面含有一种特别强力的抗生素。他因此发现了青霉素，并于次年6月发表这一发现。

弗莱明和他的后青霉素时代

1929~1939年，在这十年中，弗莱明只发了两篇有关青霉素的研究论文。但他的实验记录却显示，十年来，弗莱明并未完全停止青霉素的研究。弗莱明指出，青霉素将会有重要的用途，但他自己无法发明一种提纯青霉素的技术，致使此药十几年一直未得以使用。

1939年，在英国的澳大利亚人瓦尔特·弗洛里和德国人鲍利斯·钱恩，重复了弗莱明的工作，证实了他的结果，然后提纯了青霉素，1941年给病人使用成功。1944年英美公开在医疗中使用，1945年以后，青霉素遍及全世界，尤其在二战期间，拯救了无数伤员的生命。

亚历山大·弗莱明在实验室培育青霉素疫苗

知识链接

青霉素又叫盘尼西林。由青霉菌所分泌的抗生素，主要能抑制革兰氏阳性细菌的繁殖。在抑制繁殖期细菌细胞壁的合成上发挥杀菌作用，并且起效迅速。

成就与荣誉

1921年，患重感冒的弗莱明坚持工作，在一培养基中发现溶菌现象，细究才知道原来是自己感冒流下的清鼻涕所致，由此发现了溶菌酶。

1928年7月下旬，弗莱明发现培养基边缘有一块因溶菌而显示的惨白色，进一步研究之后发现了青霉素，并于次年6月发表。

1945年，弗莱明、弗洛里和钱恩共获诺贝尔生理学及医学奖。1943年弗莱明成为英国皇家学会院士，1944年被赐于爵士。1955年3月11日与世长辞，安葬在圣保罗大教堂。匈牙利1981年发行了弗莱明诞生100周年的纪念邮票。

拉马克，法国博物学家。生物学伟大的奠基人之一，生物学一词是他发明的，是他最先提出生物进化的学说，是进化论的倡导者和先驱。他还是一个分类学家，林奈植物分类学的继承人。

拉马克——生物学奠基人之一

LAMAKE—SHENGWUXUEDIANJIRENZHIYI

成长历程

1744年，拉马克生于法国毕伽底，本名约翰摩纳。1768年拉马克与他的良师鲁索相识，鲁索是当时法国著名的思想家、哲学家、教育家、文学家，对拉马克的成才起了巨大的作用。

鲁索经常带拉马克到自己的研究室里去参观，并向他介绍许多科学研究的经验和方法，这使拉马克由一个兴趣广泛的青年，转向专注于生物学的研究。

从此拉马克花了整整26年的时间，系统地研究了植物学，在任皇家植物园标本保护人的职位期间，拉马克于1778年写出了名著《法国全境植物志》。后又研究动物学，于1817年完成了著名的《无脊椎动物自然史》。

拉马克

知识链接

鲜为人知的是，伟大的生物学家及进化论的奠基人——达尔文于1859年出版了《物种起源》，提出了以自然选择为基础的进化学说，成为生物学史上的一个转折点。恩格斯指出它是19世纪自然科学的三大发现之一。因此达尔文的进化论已举世瞩目。但拉马克早于达尔文诞生之前（1809年）就在《动物学哲学》里提出了生物进化的学说，在进化学说史上发生过重大的影响，并为达尔文的进化论的产生提供了一定的理论基础。

拉马克学术思想

拉马克认为，生物经常使用的器官会逐渐发达，不使用的器官会逐渐退化，即“用进废退”。拉马克认为用进废退这种后天获得的性状是可以遗传的，因此生物可把后天锻炼的成果遗传给下一代。如长颈鹿的祖先原本是短颈的，但是为了要吃到高树上的叶子经常伸长脖子和前腿，通过遗传而演化为现在的长颈鹿。又例如上一代是为举重选手，则子代应遗传得自父母之强健肌肉。

拉马克的理论经不起古典遗传学（门德尔遗传学）的推敲。德国的科学家魏斯曼曾经做过一个实验：将雌、雄的老鼠尾

巴都切断后，再让其互相交配来产生后代，而生出来的后代也依旧都是有尾巴的。再将这些没有尾巴的后代互相交配产生下一代，而下一代的老鼠也仍然是有尾巴的。他一直这样重复进行至第二十一代，其后代仍然是有尾巴的，就此推翻了拉马克的学说。

杰出贡献

《无脊椎动物的系统》、《动物学哲学》在科学史上具有重要的地位。拉马克在《动物学哲学》中系统地阐述了他的进化学说（被后人称为“拉马克学说”），提出了两个法则：一个是用进废退；一个是获得性遗传。并认为这两者既是变异产生的原因，又是适应形成的过程。

拉马克提出物种是可以变化的，物种的稳定性只有相对意义。生物进化的原因是环境条件对生物机体的直接影响。认为生物在新环境的直接影响下，习性改变、某些经常使用的器官发达增大，不经常使用的器官逐渐退化。

由于拉马克一生勤奋好学，坚持真理，与当时占统治地位的物种不变论者进行了激烈的斗争，反对居维叶的激变论，受到了他们的打击和迫害。但他却说：

知识链接

拉马克学说：于1809年提出的关于生物进化的学说。认为生物有一种内在的由低等向高等发展的动力，通过适应环境来改变自身，所以环境可使生物体发生顺应环境的变化，这种变化是可以遗传的。主张“用进废退”和“获得性遗传”。

拉马克认为长颈鹿本是短颈是为了适应生存条件演化为长颈

“科学工作能予我们以真实的益处；同时，还能给我们找出许多最温暖，最纯洁的乐趣，以补偿生命中种种不能避免的苦恼。”

拉马克的一生，是在贫穷与冷漠中度过的。晚年双目失明，病痛折磨着他，但他仍顽强地工作，借助幼女柯尼利娅笔录，坚持写作，把毕生精力贡献于生物科学的研究上，终于成为一位生物科学的巨匠，拉马克是一位伟大的科学进化论的创始者。1909年，在纪念他的名著《动物学哲学》出版100周年之际，巴黎植物园为他建立了纪念碑，让人们永远缅怀这位伟大的进化论的倡导者和先驱。

无论什么时候也不要以为自己已经知道了一切，不管人家对你评价多么高，你总要有勇气地对自己说："我是一个毫无所知的人"。

——巴甫洛夫

巴甫洛夫——高级神经活动学说的创始人

BAFULUOFU—GAOJISHENJINGHUODONGXUESHUODECHUANGSHIREN

巴甫洛夫，俄国生理学家、心理学家、医师，并且是高级神经活动学说的创始人，高级神经活动生理学的奠基人，条件反射理论的建构者，也是传统心理学领域之外而对心理学发展影响最大的人物之一，曾荣获诺贝尔奖。

成长历程

1849年，巴甫洛夫出生在俄国中部小城梁赞的一个贫穷家庭，巴甫洛夫是5个子女中的长子，因此，自幼养成负责的个性。从小学习勤奋，兴趣广泛。当时，沙皇亚历山大二世颁布法令，允许家庭贫困但有天赋的孩子免费上学，因此他于1860年进入梁赞教会中学。1864年毕业后进入梁赞教会神学院，准备将来做传教士。在此期间他知道了达尔文的进化论，并受到当时苏俄著名生理学家谢切诺夫1863年出版《脑的反射》一书影响，对自然科学发生兴趣，于是不再相信上帝的存在，并放弃了神学。

一只巴甫洛夫的狗标本存于巴甫洛夫博物馆。

先驱们在自然科学领域里的先进思想，深深影响了巴甫洛夫，尽管他出身于宗教家庭，但他本人却不想像父亲一样一辈子当一个牧师。

1870年，21岁的巴甫洛夫和弟弟一起考入圣彼得堡大学，先入法律系，后转到物理数学系自然科学专业。谢切诺夫当时正是这里的生理学教授，而年轻的门捷列夫（化学元素周期表的发明人）则是化学教授。巴甫洛夫在大学的前两年表现平凡，在大学三年级时上了齐昂教授所开授的生理学，对生理学和实验产生了浓厚兴趣，放弃了所要主修的学科从此投入生理学的研究。

大学期间他和弟弟尽管在大学里成绩优异并且年年获得奖学金，但是生活还是比较清贫，需要给别人做家庭教师才能维持日常生活。为了节省车费他们每天都要步行走很远的路。

巴甫洛夫在大学里以生物生理课为主修课，学习十分刻苦。巴甫洛夫不懂就问，每次手术都做的又快又好，渐渐的有了名气。巴甫洛夫四年级时在老师的指导下和另一个同学合作，完成了关于胰腺的神经支配的第一篇科学论文，获得了学校的金质奖章。1875年，巴甫洛夫获得了生理学学士学位，再进外科医学学院攻读医

学博士学位，以便将来有资格去主持生理学讲座。他成为了自己老师的助教。

科学研究

1878年，他应俄国著名临床医师波特金教授的邀请，到他的医院主持生理实验工作。实验室听起来好听，其实就是一间破屋子，它既像看门人的住房，又像一间澡堂，巴甫洛夫却在这里工作了十余年。在这里，他主要研究血液循环、消化生理、药理学方面的有关问题。

1883年写成“心脏的传出神经支配”的博士论文。获得帝国医学科学院医学博士学位，讲师职务和金质奖章。1884~1886年期间，赴德国莱比锡大学路德维希研究室进修，继续研究心脏搏动的影响机制。此时，他提出心脏跳动节奏与加速是由两种不同的肌肉在进行，而且是由两种不同的神经在控制。1886年，他自德国归来后重回大学实验室，继续进行狗的“心脏分离手术”。

获得诺贝尔奖

1887年，他逐渐将研究的方向转向人体的消化系统。从1888年开始，巴甫洛夫对消化生理进行研究。他发明了新的实验方法，不是用被麻醉的动物做急性实验而是用健康的动物做慢性实验，从而能够长期观察动物的正常生理过程。他还创造了多种外科手术，把外科手术引向整个消化系统，彻底搞清了神经系统在调节整个消化过程中的主导作用。

巴甫洛夫（1849~1936）

他还发现分布在胃壁上的第十对脑神经迷走神经与胃液的分泌有关。用同样的方法分泌胃液，迷走神经切断，就不再分泌。但如果不假饲，只刺激迷走神经，也能分泌胃液。是什么东西对迷走神经产生了刺激?

原来味觉器官感受到了食物刺激，便会通过神经传给大脑，通过大脑传给迷走神经让胃液分泌。这就是条件反射学说。为此他领取了“诺贝尔奖”的生理学医学奖。他是第一个获得这个荣誉的俄国科学家。巴甫洛夫因在消化生理学方面的出色成果而荣获1904年诺贝尔生理学和医学奖金，成为世界上第一个获得诺贝尔奖的生理学家。

名人名言

科学是要求人们为它贡献毕生的。就是有两次生命也不够用。在你的工作和探索中一定要有巨大的热情。”

——巴甫洛夫

目前最大的微生物是在纳米比亚海岸海洋沉淀土中所发现的呈球状的细菌，这种微生物无需显微镜便可直接由肉眼察觉到它的存在。

列文虎克——微生物学的开拓者

LIEWENHUKE—WEISHENGWUXUEDEKAITUOZHE

无孔不入的微生物

原本无孔不入的微生物，总是在随时与我们打交道，甚至在我们体内到处安营扎寨，自由钻进钻出。可是，由于人们不能用肉眼看见它们，因而几千年来，人类竟不知道世界上还有微生物这东西的存在。

那么，是谁第一个发现了这“小人国”里的捣蛋“居民”？

他，就是列文虎克！

如果要歌颂他对人类的大功大德，那就必须从他发现“狄尔肯”的前因后果说起。

“狄尔肯”，原是拉丁文Dierken的译音，意即细小活泼的物体。这是列文虎克第一次发现微生物时，给它们取的有趣名字。

好奇的看门人

列文虎克于1632年出生在荷兰代尔夫特市的一个酿酒工人家庭。他父亲去世很早，在母亲的抚养下，读了几年书。16岁

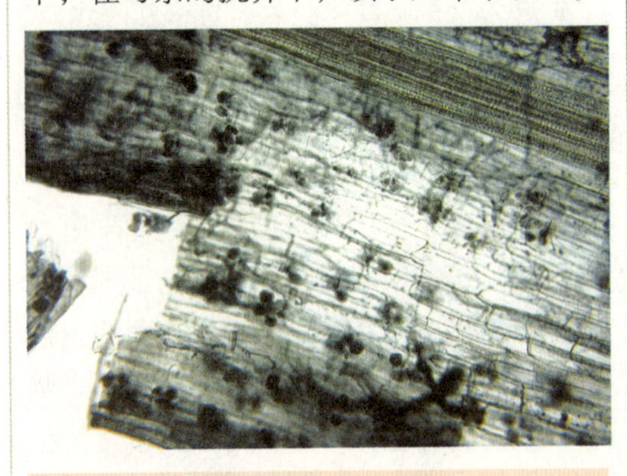

显微镜下的从枝菌根

> **知识链接**
>
> **微生物**
>
> 微生物是一切肉眼看不见或看不清的微小生物，个体微小，结构简单，通常要用光学显微镜和电子显微镜才能看清楚的生物，统称为微生物。微生物包括细菌、病毒、霉菌、酵母菌等。（但有些微生物是肉眼可以看见的，像属于真菌的蘑菇、灵芝等。）

的列文虎克即外出谋生，过着飘泊苦难的生活。后来返回家乡，才在代尔夫特市政厅当了一位看门人。

看门工作比较轻松，时间宽裕，而且接触的人也很多，这为他自制显微镜和观察微生物提供了时间。一次，他的一位朋友告诉他：“用放大镜，可以把看不清的小东西放大，并让你看得清清楚楚，神妙极了。”

具有强烈好奇心的列文虎克，对此产生了兴趣。“闲着也是闲着，我不妨也买一个放大镜来试试。”由于放大镜太贵，列文虎克只好自己磨制起镜片来。

自制超级显微镜

列文虎克经过辛勤劳动，终于磨制成了小小的透镜。但由于实在太小了，他就做了一个架子，把这块小小的透镜镶在上边，看东西就方便了。

后来，经过反复琢磨，他又在透镜的下边装了一块铜板，上面钻了一个小孔，以使光线从这里射进而反照出所观察的东

由于列文虎克的名气越来越大，一天，有位记者来采访列文虎克，向他问道：“列文虎克先生，你的成功‘秘诀’是什么？”

列文虎克一句话不说，却向记者展示了他那满是老茧和裂纹的双手。

西来。这就是列文虎克所制作的第一架显微镜，它的放大能力相当大，竟超过了当时世界上所有的显微镜。

几年以后，列文虎克所制成的显微镜，不仅越来越多和越来越大，而且也越来越精巧和越来越完美了，以致能把细小的东西放大到两三百倍。

观察神奇的“微动物”

列文虎克有了自己的显微镜后，便十分高兴地察看一切。他看到蜜蜂腿上的短毛，犹如缝衣针一样地直立着，使人有点害怕。随后，他又观察了蜜蜂的螯针、蚊子的长嘴和一种甲虫的腿。

列文虎克总是单独一个人在小屋里耐心地磨制镜片，或观察他所感兴趣的东西。他作为自学者，从动物学各科中，获得了广博的知识。他把从浸泡液中所观察到的微生物，称之为“微动物。”

一天，他的朋友格拉夫，当时的名医，英国皇家学会的通讯会员，专程前来拜访列文虎克。面对这位知名人士和朋友的来访，他拿出自己的显微镜请格拉夫观看。

不看则已，看着看着倒使格拉夫抬起头来，严肃地说道：“亲爱的，这可真是件了不起的创造发明啊！”

格拉夫接着又说：“你知道吗？你的创造发明具有极其伟大的意义。你不能再保守秘密了，应该立即把你的显微镜和观察记录，送给英国的皇家学会。你必须向世界公众表明：你的观察是如此非凡，这是人类从未发现的新课题。”

听了朋友的好心劝告，列文虎克虔诚地点了点头。

列文虎克（1632~1723）

震动学界的观察记录

1673年的一天，英国皇家学会收到了一封厚厚的来信。打开一看，原来是一份用荷兰文书写的、字迹工整的记录。

列文虎克在记录里写道：“大量难以相信的各种不同的极小的‘狄尔肯’，它们活动相当优美，它们来回地转动，也向前和向一旁转动。”

“好，好，这是一篇极有价值的研究报告。”皇家学会的科学家们很吃惊的说。

经过几番周折，列文虎克的科学实验，终于得到了皇家学会的公认。列文虎克的这份记录被译成了英文，在英国皇家学会的刊物上发表了。

这份出自乡巴佬之手的研究报告，果真轰动了英国学术界。列文虎克也很快成了皇家学会的会员，并对他的成就作出了极高的评价。

生物学是自然科学的一个门类。研究生物的结构、功能、发生和发展的规律，以及生物与周围环境关系等的科学。生物学源自博物学，经历了实验生物学、分子生物学而进入了系统生物学时期。

格斯耐——“动物学”的百科全书著作

GESINAI—DONGWUXUEDEDAIKEQUANSHUZHUZUO

求学经历

格斯耐于1516年，出生在瑞士的苏黎世城。由于他是一位贫穷的毛皮匠的儿子，所以，他的童年是苦难的童年。

更为雪上加霜的是，当格斯耐15岁那年（1531年），他的父亲在卡帕尔的一次会战中不幸阵亡了。从此，年幼的格斯耐失去了继续上学的机会。可是，天无绝人之路。正当格斯耐被迫滑向苦难深渊的时候，他的叔父收养了他。

值得庆幸的是，由于格斯耐的叔父是一位植物学爱好者，不仅有渊博的学识，而且还采集和珍藏着许多植物标本。这些耳濡目染的熏陶，对于格斯耐后来从事自然科学活动，起了重要作用。

斯特拉斯堡（格斯耐曾来这里上学）

诚然，格斯耐叔父的经济状况，同样是入不敷出的，他又怎能再有重新上学的奢望呢？但是，格斯耐的奋发精神却帮了他的大忙——他以优异的成绩，获得了茨维英利奖学金。并使他于1531年，重新得到了在苏黎世继续学习的机会。接着，他又去斯特拉斯堡上学；后来，又到法国布尔日留学深造。

按照当时的奖学金规定，凡是享受国家的奖学金者，都必须把宗教神学作为学习的主要课程。然而，作为一个从小就立志于自然科学研究的格斯耐来说，又怎能因此心甘情愿被绑住自己的手脚呢？所以，他一到法国，就被那早已迷恋的医学和自然史强烈地吸引住了，反而把宗教神学当成为应付差事的“副业”。

1534年，他终因不务神学“正业”而被取消了享受奖学金的权利。至此，他不得不放弃学习，并回到苏黎世去教书度日了。

所谓时势造英雄，十五六世纪早期，随着欧洲资本主义生产方式的形成，也使被禁锢了几百年的自然科学，其中也包括亚里士多德的生物学理论在内，获得了巨大的发展，因而也迫使占统治地位的教会势力，去批判经院哲学的权威和阿拉伯文的著作。在这种新形势下，格

知识链接

生物学史是人类从古至今对生命研究的过程。欧洲文艺复兴及近代时期，生物学思想被新的经验主义思想彻底变革并发现了一些新的生物。这次活动中比较突出的是对生理机能进行了实验和认真观察的安德雷亚斯·维萨里和威廉·哈维以及开始对生物进行分类和化石记录的博物学家卡尔·林奈和蒲丰，同时还对有机体的发展和行为进行研究，显微镜展示了之前从未看到的世界并为细胞学说打下基础。

斯耐不仅第二次获得了奖学金，而且也使他实现了梦寐以求的对医学和自然史的学习研究。

划时代的巨著

从格斯耐到蒙彼利埃和巴塞尔学习开始，他就逐步走上好运了。他于1541年在巴塞尔获得了博士学位，并于同年被委任为卡罗里努穆大学的自然史讲师。紧接着，他开始了科研工作，到意大利搜集地中海地区的动、植物标本，翻译了希腊文、阿拉伯文和希伯来文等版本的所有著作的目录，总计有20卷之多，并于1545年出版，定名为《万有书目录》。这是一份相当艰巨的工作！

如果说，《万有书目录》是格斯耐初出茅庐的成名之作，那么，他后来的《动物史》则是蜚声世界的鸿篇巨制。

1551~1558年期间，格斯耐出版了《动物史》的头四卷，而第五卷问世，却是在他去世22年后的1587年。又过了47年，即1634年，才有人从格斯耐保存的记录中，整理出了《动物史》的最后一卷。由此可见，这本动物学百科全书的整理问世，是何等的艰难曲折！

曾有人评论《动物史》这一巨著，乃是对后来的动物学，尤其是分类学的发生发展，产生了长达数百年的巨大影响！

一生的成就

格斯耐《动物史》的重大意义，就在于它是划时代的“动物学百科全书”。

由于《动物史》具有百科全书的巨大价值，因而它一问世，就很快被翻译成德文版本。

格斯耐在自然科学方面学识渊博，除了动物学外，他还精通植物学。他对植物界作了一个类似《动物史》的描述，并汇集了大约1500幅优美的播图，其中包括对各种花瓣的比较和分析图解。但遗憾的是，当时因为种种原因，这本植物学的著作并没有出版，而是由施米德尔于1753年发表，这已经是格斯耐逝世200年之后的事了。另外，在格斯耐的最后一部论著里，还首次详细地分析了化石的种类和成因。

他提出了科研工作的准则；他总结了著书立说的方法；他指明了一部伟大的著作，对于图书馆和科学家的重要作用；他阐明了人生的意义，不是索取而是奉献！一点不假，格斯耐说到了也做到了。

1565年，他在一次同毁灭性鼠疫作斗争中，不怕自我牺牲，全力以赴去医治他的病人，不幸染病在身，并因此而病逝。

格斯耐就这样以49岁的短暂年华，换取了动物学史上一块闪闪发亮的指路碑文。

在“演讲集”中，至少有两个重要发现。其一是以胡克命名的弹性定律——胡克定律，其二是他通过对简谐振动的研究提出“使物体运动的力的量与它所获得的速度的平方成正比例。”

胡克——细胞的发现者

HUKEXIBAODEFAXIANZHE

罗伯特·胡克（Robert Hooke，1635～1703）是英国著名的物理学家、生物学家。

求学经历

胡克于1635年7月18日出生于英格兰怀特岛弗雷什沃特村的一个牧师家庭。小时候，他喜欢摆弄钟表和机械玩具，练就了一双巧手。胡克在威斯敏斯特中学学习拉丁文、希腊文、希伯来文和数学。

工作成就

1655年，胡克成为威利斯的助手，后为玻意耳的助手。1660年牛津学术团体迁往伦敦，1662年正式命名为英国皇家学会，胡克被任命为该学会的实验管理员。

罗伯特·胡克

知识链接

玻意耳、马略特定律的发现者之一玻意耳曾是胡克的雇主。胡克对玻意耳研究用的空气泵进行了改进，这样玻意耳才得以成功。1662年玻意耳发表的关于空气压力的玻意耳定律中凝集着胡克的智慧。

1663年，他获牛津大学文学硕士学位，并被选为英国皇家学会会员。1664年，他任格雷沙姆学院力学讲师，并任英国皇家学会珍宝馆馆长。1665年他担任格雷沙姆学院几何学教授。1666年，伦敦大火后，他担任监督伦敦重建的测量员。1677～1683年他任英国皇家学会秘书。

学术贡献

1658年，胡克提出可以用弹力代替重力使物体振动，即在平衡轮的轴上安一个弹簧，可以代替重力驱动摆轮，这是现代钟表设计的基本原理。根据这个原理制造的确定经度的航海时针到18世纪才出现。1660年，胡克为此申请了专利，但后来又撤回申请。

1665年，罗伯特·胡克根据一会员提供的资料设计了结构相当复杂的显微镜。有一次，他切了一块软木薄片，放在自己制造的显微镜下观察，发现软木片是由很多小室构成的，各个小室之间都有壁隔开，像蜂房似的。胡克给这样的小室取名为“细胞”。其实软木是由死细胞构成的，只是细胞壁，没有原生质。

胡克的经历提醒我们，知识是重要的，胡克在工作中充分地证明了这一点。他严谨的工作态度和学风使他对科学产生了巨大的贡献，他不愧为一位伟大的物理学家和生物学家。

胡克又通过对大量矿物、植物、动物的显微观察，1665年，出版了《显微图集》，向人们提供了许多鲜为人知的显微图画信息，它涉及化学、物理、地质和生物等多个领域。该书是第一本关于显微图画的专著，也是17世纪自然科学领域中的重要文献之一。胡克在书中指出，显微镜在生物学研究中将大有用武之地。

胡克在《显微图集》中还记录了他对光学的研究。他对云母、肥皂泡以及玻璃片间的空气层等薄且透明的膜中的色彩进行观察，发现颜色的变化呈周期性，随着薄膜厚度的增加，光谱出现重复。为了解释这个现象，他提出了光的波动学说。1672年，他又发现了衍射现象，并用光的波动学说进行解释。胡克是光的波动学说最早的倡导人之一。

胡克对热学和气象学作出过贡献。他曾与惠更斯一起断定在常压下冰的熔点和水的沸点是固定不变的，并建议以水的结冰温度为温度计的零度，即摄氏零度。胡克还提出，热是物质粒子机械运动的结果，一切物质受热均膨胀，空气是由距离较大、相互分开的粒子构成，这些结果都被后人一一证实。胡克发明了轮形气压计，这是一种由绕轴旋转的指针记录压力的仪器。另外他制造的气候钟能将气压、温度、降雨量、温度和风速记录在同一个旋转的记纹鼓上，由此有人称他是科学气象学的奠基人。

胡克除了在生物学、天文学、气象学、热学和力学方面有很大贡献外，还在地质学和结晶学方面有深入的研究。在胡克所处的时代，地质学是一个尚未充分开发的领域。胡克早在《显微图集》中曾收集了对大量矿物进行观察的描述，后来，他对地质方面的研究成果被收集在其遗著中《地震的演讲和讲座》。关于化石的起源问题，胡克指出，应该把“印有图形的石块”即化石分为两类：一类是有生物图形的化石；另一类是有非生物图形的化石。这两类化石的起源不同，不能一概而论，印有生物图形的化石是古生物的遗骸。在远离海洋的陆地止发现海洋生物化石，他认为是地球表面曾经发生过剧烈的隆起和变迁，使原来的海洋变成陆地。

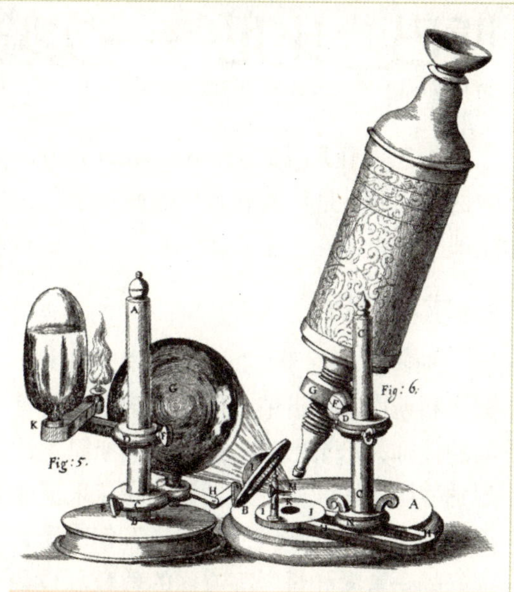

胡克用于科学研究的显微镜

胡克虽没有取得过很高的学历，没有显赫的地位，但在长期的实验研究中获得丰厚的回报，使我们更加清楚地认识到只要兢兢业业地工作，不论职业好坏，地位高低，均能取得优异成绩，三百六十行，行行出状元。

自然发生说是一种从古代就已流传的关于生物起源的假说，认为生物是由非生命物质发展起来的。

斯巴兰让尼——实验生理学的奠基人

SIBALANRANGNISHIYANSHENGLIXUEDEDIANJIREN

斯巴兰让尼（Lazzaro Spallanzani，1729～1799）是意大利著名的博物学家、生理学家和实验生理学家。

求学经历

斯巴兰让尼于1729年1月12日出生于意大利斯坎迪亚诺镇，他的父亲是一位有名的律师，母亲出身富裕之家。斯巴兰让尼15岁中学毕业后进入勒佐——艾米里亚耶稣神学院，在那里他学习了五年，受到很好的语言学和哲学等方面的教育。1749年，他转入著名的波伦亚大学学习法律。他的堂姐芭西是一位杰出的妇女，在波伦亚大学任物理学和数学教授，在她的引导下，斯巴兰让尼对自然科学发生了浓厚兴趣，从而转学自然科学，1753年取得博士学位。

斯巴兰让尼

科学研究

1761年，他首次外出进行科学考察。他通过研究多重相互联系的因素证明，山间泉水不像笛卡儿所说的那样是由海水变来的，而是如瓦里斯纳里所指出的那样，是雨（雪）水渗入地下后流出来的。这充分展示了斯巴兰让尼严谨的治学态度和逻辑思维能力。就在这一年，瓦里斯纳里把布丰和尼达姆关于自然发生的思想和著作介绍给他，引起了他极大的注意。从1762年开始，他对自然发生问题进行了深入研究，并取得很大的成功。

他认为晨露同粘液或粪土相结合就会产生萤火虫、蠕虫、蜂类等的幼虫……赫尔蒙特甚至还提出产生老鼠的方法。1668年意大利医生雷迪（Redi）证明，腐肉所生的蛆虫是由苍蝇产下的卵孵化而来的，从而驳倒了上述荒唐的认识。斯巴兰让尼通过上百次对比实验，发现将浸液放在密封的长颈瓶中煮1小时，就不会再有微生物发生。他指出，浸液中的微生物是由于消毒不彻底或由于来自空气的污染造成的。斯巴兰让尼对自然发生问题的研究具有双重意义。斯巴兰让尼于1765年发表了《用显微镜进行观察的实验》论文，总结了他关于自然发生问题的研究。

1765年，斯巴兰让尼开始了动物再生能力的研究。他用蚯蚓做了数千次实

1836年，德国的生理学家施旺从胃液中提取出了消化蛋白质的物质，后来称为“胃蛋白酶”，从而才解开了胃的消化之谜。

验，认识到有利于蚯蚓再生的一些切口的准确位置。他在研究了蛞蝓的触角，蜗牛的头、触角和足，蝾螈的尾巴、四肢和上颚，以及青蛙、蟾蜍的四肢的再生后发现：动物的再生能力，低等动物比高等动物强、年幼动物比成年动物强、体表组织比内部器官强等事实。此外，他还用蜗牛作过异体头部的移植实验获得成功。他将研究成果收集在《略论动物的再生》和《关于陆生蜗牛头部再生的实验结果》两部著作中。

在这一时期，斯巴兰让尼还对动物的血液循环系统进行系统研究。关于血液循环，哈维已将血液循环途径基本研究清楚了。斯巴兰让尼观察了心脏有节律的跳动，从而推动血液流动，他发现，血液在大的动脉血管中同样有节律的跳动式流动，到了小动脉，才开始变得均匀。他还观察到单个红细胞有时会变形，以便通过卷曲的毛细血管。他还首先发现，在恒温动物中，存在着动静脉交织在一起的结构。提出动脉的跳动除心脏产生的压力外，还有血管壁的弹性作用。1768年，他发表了《论心脏的运动》一文，总结了这方面的成果。同年，斯巴兰让尼当选为英国伦敦皇家学会会员。

1771年～1780年，斯巴兰让尼还进行了受精问题的研究。现在我们知道，进行有性繁殖的生物，其子代个体是通过精子和卵细胞的结合，即受精作用，产生受精卵，而后由受精卵发育形成的。但在18世纪，对于受精过程的认识还相当模糊。1677年，人们发现了精子，而卵子则是人们早已熟知的，但在受精过程中，这两者有什么关系呢?

知识链接

斯巴兰让尼对电鳗的放电现象、蝙蝠飞翔时的定向问题等进行研究。他还是一位不知疲倦的旅行家和无畏的探险家，他使帕维亚自然博物馆成为意大利最著名的博物馆。他还是火山学的奠基者之一。

尽管斯巴兰让尼的有些观点不正确，但他在受精问题的研究上成绩不斐，他设计了许多精彩的实验，否定了一些错误认识。他在观察青蛙、蝾螈等两栖动物的繁殖时发现了它们是体外受精，从而否认了动物只能体内受精，不可能进行体外受精的错误观点。

具体的做法是：他为雄蛙设计了一种特殊的紧紧贴身的塔夫绸“裤子”，穿着这些独特服装的蛙像平时一样企业交配，交配后，虽然雌蛙产下许多卵，但没有一个卵能发育。而当一些卵与保留在裤子上的精液接触后，正常的发育便开始了。后来，他直接从精囊中收集精液并把它小心地“涂”在卵上，这些处理过的卵都能正常地发育成蝌蚪，而没有与精液接触过的卵则解体。这样，斯巴兰让尼就发明了一种人工授精方法。

献身科学事业

斯巴兰让尼患有前列腺肥大症和慢性膀胱炎，最后导致无尿症。1799年2月11日与世长辞，终年70岁。斯巴兰让尼把他的一生连同一部分遗体都献给了科学事业，根据他的遗嘱，他有病的膀胱献给了帕维亚自然博物馆。

施旺是一位杰出的生理学家。在1834年～1839年间，他在柏林弥勒的实验室从事动物生理学方面的研究，并取得很大成绩。

施旺——细胞学之父

SHIWANGXIBAOXUEZHIFU

施旺（Theodor Schwann，1810～1882）是19世纪德国著名的动物学家，细胞学说的奠基人之一，杰出的生理学家，被誉为细胞学之父。

生平事迹

施旺于1810年11月7日生于德国诺伊斯，父亲是一名金匠。少年时代的施旺品行良好，学习勤奋，各门功课常常名列前茅，尤其是数学和物理成绩更好。1826年，施旺告别家乡，进入科隆著名的耶稣教会学院。1829年，施旺进入德国波恩大学，在那里他读完了医学预科的全部课程。1831年，他获得医学学士学位。1833年4月，施旺又回到了柏林大学专门听弥勒讲授解剖生理学。1834年5月31日，施旺获得医学博士学位，同年7月26日通过国家级考试，正式成为弥勒的助手。施旺在弥勒的指导下，对很多学术领域发生兴趣，他曾研究过组织学、生理学、微生物学，作出了不少贡献。

施　旺

在柏林，施旺有幸结识了施莱登。尽管两个人性格不同，宗教信仰也有差异，但他们在某些科学观点上完全一致，使他们成为好朋友。1838年10月，施莱登向好友施旺讲述了有关植物细胞结构和细胞核在细胞发育中的重要作用的基本知识，使施旺大受启发。1839年，施旺发表了《关于动植物的结构和生长一致性的显微研究》的论文，从而奠定了他和施莱登共同创建细胞学说的基础。

生理学的成就

1835年，施旺研究组织器官的生理特性及其在物理测量上的关系。他对不同负载下的肌肉给以同样刺激，然后测量其在收缩时的长度，从而得出肌肉在收缩时的强度。这个“量肌”实验虽然很简单，但对生理学的影响非常深刻，这是人类第一次把生命现象中的力，运用物理测量方法加以分析和检验，并定量揭示其运动规律的实验。

施旺在研究脊椎动物如蝌蚪神经时发现，脑神经和脊神经中的有些神经外面有髓鞘细胞。髓鞘细胞经过多次缠绕神经，可在神经外面形成鞘，即髓鞘。为纪念这一伟大的发现，人们又将髓鞘细胞称为施

1838～1839年，施莱登和施旺分别发表了对植物细胞和动物细胞基本认识的论著，他们两人取得了完全一致的看法，都认为细胞是构成植物组织和动物组织的基本结构单位，从而导致了两人共同建立细胞学说。

旺氏细胞，髓鞘称为施旺氏鞘。施旺氏鞘在神经冲动的传导过程中起着重要作用。现代研究发现，施旺氏鞘具有良好的绝缘作用，使神经冲动的传导速度大大加快，同时节约了大约5000倍的能量。

施旺在早期还曾写过一篇《论空气对鸟卵孵化的必要性》的论文，颇受弥勒的好评，在这篇论文中，他发现鸟在胚胎发育过程中需要氧气这一事实。

1839年～1848年，施旺在吕温天主教大学期间，曾发明利用胆汁瘘研究胆汁在消化系统中的作用，并推断出胆汁分泌不足将有碍于健康的观点，但胆汁究竟有什么作用，他并未对此进行深入研究。1844年，他发表的关于胆汁瘘的论文是他最后几篇生理学论文之一。

创立细胞学说

施旺对蝌蚪的脊索和软骨所作的仔细观察表明："它们的结构和发生的最重要的现象与施莱登所描述的植物相一致。"

第一部分研究的主要结论是：某些动物组织确实起源于细胞，这种细胞在所有方面都与植物细胞相似。

第二部分是对特化程度很高的各种组织进行研究。他想证明多数或全部动物组织均源于细胞。在施莱登的"细胞核在植物细胞发生中起着重要作用"的观点影响

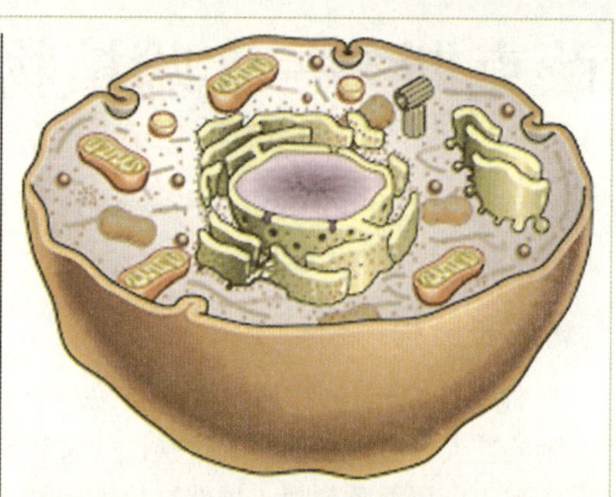

细胞学说示意图

下，施旺指出：有无细胞核的存在是有无细胞存在的最重要、最充足的根据。这一观点在现代生物学研究中仍有指导意义。

在第三部分，施旺总结了他的全部研究成果后指出：细胞是一切动物体所共同具有的结构特征。他还用物理学的某些观点解释了生命现象，他提出"有机体是通过细胞分化而发展的"这一有价值的观点。

细胞学说阐明了有机体发展和分化规律，无论是植物界还是动物界都具有普遍的有效性，这充分的表明了动植物结构的统一性。

细胞学说的建立，激发了人们探索细胞秘密的激情，使得越来越多的科学工作者投入到细胞这个微观领域。人们对自然的认识更深刻，在研究层次上从宏观的个体水平上升到微观的细胞水平，大大促进了生物学的发展。在以后几十年中，很多有关细胞的研究成果问世，从而构建了一门新的生物学科——细胞生物学。为了表彰施旺在这一领域中的突出贡献，人们称他为"细胞学之父"。

知识链接

施旺和施莱登的细胞学说使得千变万化的生物界通过细胞统一起来，这样有力地证明了生物之间彼此存在着或远或近的亲缘关系，从而为达尔文的进化论奠定了唯物主义基础。

从1861～1865年，他在波贝斯多夫农学院一边教学，一边完成了自己在塔朗特林学院时就开始写作的《植物实验生理学手册》。这本书后来于1865年在莱比锡出版，它使萨克斯一举成为实验植物生理学的奠基人。

萨克斯——实验植物生理学的奠基人

SAKESISHIYANZHIWUSHENGLIXUEDEDIANJIREN

萨克斯（Julius von Sachs，1832～1897）是实验植物生理学的奠基人。

成长历程

他于1832年10月3日出生在波兰一个贫困的艺人家庭。在他小的时候，他父亲在一家工厂里做雕刻师，虽然这位雕刻师颇具艺术天才，可是挣到手的钱却难以保障全家人的衣食需要。少年的萨克斯在父亲的熏陶和影响下，逐渐显现出来一点儿绘画的天赋。他还对大自然怀有浓厚的兴趣。但是，由于家里很穷，上学很晚。后来，总算通过自己的努力取得了优异的学习成绩，少年萨克斯才得以进入伊丽莎白

萨克斯

中学学习。可是，命运好像总是捉弄不幸的孩子。不久，萨克斯因为父母双亡的家庭变故，刚刚年满17岁就成了一个贫困的孤儿。只读到高中一年级的萨克斯从此失学了。

住在萨克斯家附近的邻居中，有一位研究生理问题的学者，他名叫普金叶（J.E.Purkyne）。萨克斯从小就与普金叶的孩子们有过许多的交往。他们经常在一起玩耍，一起观察和研究自然，收集生物标本。普金叶的孩子们还带着萨克斯到家里去看父亲的实验室，鼓励萨克斯学习自然科学。1850年，普金叶在布拉格担任教授后不久，把孤苦无依而又聪明好学的萨克斯带到布拉格，萨克斯非常珍惜这个机会，他在与普金叶很好合作的六年当中，通过自己的努力逐渐补上了中学的课程，并且进入大学学习。1856年，萨克斯通过了博士学位的考试。在此后的三年中，初涉科学殿堂的萨克斯成了全世界研究植物生理学专业的第一位讲师。他还先后写出了18篇主要涉及形态学方面的论文，发表在普金叶主办的《生命》杂志上。

科学成就

在塔朗特林学院工作了三年以后，萨克斯借助于自己在植物营养学和其他方面的研究成果，为自己在波恩附近的波贝斯多犬农学院又找到了一个做教师的职位。从1861年～1865年，他在波贝斯多夫农学院一边教学，一边完成了自己在塔朗特林

萨克斯还在18世纪60年代做过这样一个有关植物叶片的实验：他首先将照过光的植物绿叶用酒精煮一会儿，以除去叶绿素。然后把煮成乳白色的叶子用清水洗过，再滴上碘酒。这时，叶子就显现出蓝色。因为淀粉遇到碘会变蓝，所以，这个实验证了光合作用能够产生淀粉。

学院时就开始写作的《植物实验生理学手册》。这本书后来于1865年在莱比锡出版，它使萨克斯一举成为实验植物生理学的奠基人。

1866年，萨克斯应聘担任了布赖斯高弗赖堡大学的教授。又过了两年以后，萨克斯被聘为维尔茨堡大学教授。在维尔茨堡大学，萨克斯全面展开了他的植物生理学研究工作。他的研究领域涉及植物胚胎学、植物营养学、光和黑暗条件对植物的影响以及植物的生长形态和水在植物体中是如何运动的等等许多问题。他要为植物生理学这个新兴的学科描绘出一个蓝图，为今后这方面的研究指明方向，也为今后这方面的研究在方法和设备上做了更充足的准备。

在萨克斯关于实验方法和器械设备方面的贡献中，有他发明的“气泡计量法”。这是一种通过统计植物光合作用产生气泡的体积，来测量光合作用强度的实验方法。萨克斯还发明了称量半片叶子在光合作用前后的干重之差，用来测算干物质积累情况的“半叶法”。他设计了把一块玻璃安放在装满泥土的木箱中，种上植物来观察根在生长过程中表现出来的向地性的装置；他还研制过一种手持的分光镜和能够获得稳定温度的恒温器等实验设备。

在为后人指明植物生理学的主要研究方向这方面，萨克斯思考问题的范围十分广泛。他不仅已经考虑到要从植物与温度的关系、植物与光以及植物与土壤等方面入手，去研究植物的生活。还注意到了在不同生长时期植物与自然界各种生物和非生物因素之间的微妙关系。例如，他曾经钻研过交替出现的光亮环境和黑暗环境对于植物花的形成有哪些影响。应当指出，近百年来人类在自然科学方面确实取得了值得骄傲的巨大成就，然而，萨克斯当年关于植物叶片在光下产生“形成花的物质”这个猜测，至今还没有令人信服的准确答案。

知识链接

萨克斯不仅是一位杰出的科学家，也是一位桃李满天下的导师。他培养了一大批优秀的学生，其中包括：法兰士·达尔文（Francis Darwin）、格贝尔（Karl Gobel）、德·弗里斯（Hugo de Vries）。

萨克斯通过孜孜不倦、勤奋努力的工作，为现代实验植物生理学的起步和发展做出了卓越的贡献。他精确地在这个研究领域阐明的同化作用、膨压和土壤蓄水力等许多基本概念，仍然是今天一些相关学科进行教学和科学研究工作的重要基石。

萨克斯的一生都是在不断地进行科学探索中度过的。紧张的工作安排使他无暇顾及家人和朋友。他也无法用更多时间去研究哲学和关心政治问题。但他始终认为，自己所从事的科学研究工作就是人类生活的一个重要部分。

萨克斯是一位态度谨慎的自然科学家，更是一位坚定的唯物主义者。在他看来，所有的宗教都是和科学格格不入的，应当坚决予以反对。

萨克斯在1897年逝世，终年65岁。他为我们开创了一个崭新和重要的自然科学学科——实验植物生理学。

海克尔——生物发生律的发现者

HAIKEERSHENGWUFASHENGLVDEFAXIANZHE

海克尔（Ernst Heinrich Haeckle，1834～1919）是德国动物学家和哲学家。

成长历程

海克尔出生于1834年2月16日。他的父亲卡尔·海克尔是一个官员，当时任德意志邦联梅泽堡的宗教和教育机关首席顾问，他的外祖父则是柏林枢密院的成员。海克尔在这样一个良好的家庭环境中度过了他愉快的儿童和少年时代。海克尔从小就受到了良好的教育和培养。虽然当时的学校教育并不重视自然科学，但是，海克尔在家庭教师的悉心指导下，利用假期和课余时间投入到大自然的怀抱之中。他用了十多年时间观察自然、采集标本和绘图记录，分类整理了万余件植物标本，建立起一个有相当规模的植物标本室。海克尔尤其喜欢看植物学和科学探险方面的书籍。他对达尔文乘贝格尔号考察船环球旅行的游记、著名植物学家施莱登教授所著《植物及其生存》等著述心驰神往，总想着将来长大以后能追随施莱登教授，成为一个在热带森林里考察和研究植物学的科学工作者。

海克尔

海克尔在维尔茨堡大学医学院度过了他进入大学的最初两年。在这两年中，他学习了比较解剖学和胚胎学等课程，熟悉了显微镜的使用技术。1854年，他参加了对当时新兴学科海洋动物学的研究工作，在解剖学和生理学教授弥勒的指导下，他到北海的黑尔格兰岛考察低等海洋动物。1856年，海克尔22岁时，被聘任为维尔茨堡大学医学院的助教，并开始攻读博士学位。大约一年以后，他的博士论文《论河虾的组织》在柏林大学通过答辩，并获得医学博士学位。海克尔从此有了从业行医的资格。

生平事迹

导师的教诲对海克尔的影响是深远的，此时的海克尔并不打算做一个仅仅给人治病的医生。而是又回到了弥勒教授麾下，继续做关于比较解剖学和动物学方面的研究。然而不久，弥勒教授于1858年4月去世了。这一变故，导致海克尔只好再回到维尔茨堡，挂牌行医。虽然如此，海

海克尔在《宇宙之谜》这本书中提出了“上帝”和“自然”其实是同一个事物或实体，物质和精神都是这个事物不可或缺的两个属性。

克尔还是舍不得离开自己所钟爱的科学研究工作。这一年的夏天，他到耶鲁大学去看望了那里的动物学教授盖根鲍尔。并在这位教授的提议下，首先设法得到了父亲的同意和支持，然后满怀信心地前往意大利的西西里岛，进行了一次很有收获的考察。在这次历时近两年的考察活动中，海克尔采集到了包括144个放射虫新种在内的大量标本。后来，海克尔把这些被他称为“纯洁而美丽的海雪花”的动物标本带回意大利进行了分类和命名。在野外考察的间隙中，他还阅读了达尔文写的《物种起源》一书，使进化论的思想成为自己后来思考和研究生物学问题的基础。也奠定了海克尔后来成为达尔文主义捍卫者和传播者的基础。

1861年3月，海克尔发表了他用进化论思想研究动物学的一篇论文——《论根足类动物的界和目》。一年后，他升任哲学系动物学副教授，并主管了动物博物馆的工作。海克尔在教学中从来不把传授知识作为惟一的目的，而是更加注重向学生介绍研究自然科学的方法。在上课时，他还时常用一些随手画就的图形来帮助学生们学习和理解他所讲授的内容，使他的课深受学生们的欢迎。

海克尔的勤奋工作，换来了学术上的累累硕果。1865年，海克尔再次获得晋升，成为教授和动物博物馆馆长；又过了一年后，他发表了自己的学术巨著《普通生物形态学》。

海克尔是十分崇拜达尔文的，他也是达尔文自然选择学说的坚定捍卫者和积极

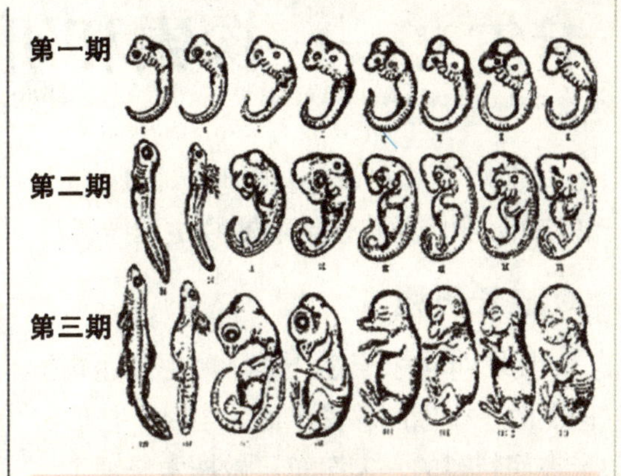

海克尔手绘的胚胎比较图

传播者。海克尔曾经以自己大量的著述和在讲坛上一次又一次的演讲，向公众宣传达尔文的自然选择理论，为此，他在公众中享有很高的声誉。他写的《宇宙之谜》曾遭到唯心主义哲学家和神学家的猛烈攻击，但是，这本书从1899年初版以来，至今已经被翻译成30多种不同语言的版本，先后发行了几十万册。虽然这本书并不只是研究生物学的，它只是以生物学理论为基础的一本哲学通俗读物。这本书对“一元论”的哲学思想进行了系统和通俗的总结，是海克尔完整学术思想的重要组成部分。

海克尔则在这些已有论述的基础上，又进行了大量的深入研究和仔细比较后认为，无论高等的陆生脊椎动物还是低等的水生无脊椎动物，它们的个体发生（个体发育）和种系发生（系统进化）都是既相互独立、又密切相关的。个体发生是种系发生的简单而迅速的重演。海克尔将他的这个研究结论写进了《普通生物形态学》，并命名为“生物发生律”，也叫做“生物重演律”。

1961年，卡尔文因研究光合作用的重大成就而荣获该年度诺贝尔化学奖。

卡尔文——探索和研究光合作用

KAERWENTANSUOHEYANJIUGUANGHEZUOYONG

卡尔文（Melvin Calvin，1911～1997）是美国生物化学家,植物生理学家。

成长历程

1911年4月8日生于美国明尼苏达州圣保罗的一个俄国移民家庭。当时，他的父亲在底特律的一家汽车厂做技术修理工，母亲在家种田。卡尔文从小就很勤奋，刚刚10岁就到一家食品店做了学徒工，后来他上了学。

由于卡尔文平时学习十分努力，又善于思考，所以学习成绩一直名列前茅。到中学毕业时，他借助自己所获得的助学金进入密歇根矿业技术学院，学习了化学专业。1931年，卡尔文大学毕业，取得了理学学士学位。此后，他又在明尼苏达大学继续攻读化学专业，研究催化方面的问题。4年后，卡尔文又取得了化学博士学位。后来，还是在奖学金的资助下，卡尔文又来到英国的曼彻斯特，在维多利亚大学迈克尔·波拉尼（M. Polanyi）教授的指导下，研究学习了两年。在这一段学习生活中，卡尔文逐渐对研究光合作用产生了浓厚的兴趣。

卡尔文

辉煌成就

1937年，卡尔文接受了美国物理化学家刘易斯（G.N.Lewis）的邀请，回到美国，进入加利福尼亚大学的伯克利分校任教，并开始着手研究光合作用中的催化问题。但是，这项研究很快就被第二次世界大战的炮声打断了。

当二战的硝烟在珍珠港升起之后，卡尔文也不得不和美国其他许多科学界同行一样，终止或改变自己的科学研究工作，受命参加研究与战争有关的科学问题。例如，卡尔文在二战当中，曾经花了4年时间研究合成出一种含有钴的络合物，这种物质和血红蛋白一样能够在血液里运输氧，可以在医疗手术和抢救伤员时做血浆的代用品。他还试验成功了分离“铀”和“钚”以及提纯“钚”的方法，这一成果后来被美国原子能委员会用于研究和制造原子弹的“曼哈顿”计划。

在近代“络合物化学”领域，卡尔文进行过一系列的研究，有十分重要的贡

卡尔文和本森（A.A.Benson）、巴沙姆（J.A.Basshau）等人合作，经过10年的艰苦努力，推论出在植物的光合作用过程中，二氧化碳形成糖（6-磷酸果糖）的步骤，明确了二氧化碳的同化途径。

献。他在研究一种叫做“酞菁”的有机物时，发现这种物质在空间结构上与植物的叶绿素和动物血红素很相似。而酞菁的化学性质却比叶绿素和血红素都稳定得多。1952年，卡尔文出版了《金属络合物的化学》一书，这部书被誉为近代对络合物研究的权威性著作。

卡尔文在生物学方面的一个重要贡献，是他提出了在光合作用过程中，二氧化碳转化为糖的途径。1945年，第二次世界大战结束后，卡尔文和他的合作者将主要精力用于研究光合作用。他们运用同位素示踪和纸层析分离等实验方法和技术，推论出了光合作用过程中，从二氧化碳到六碳糖的各主要反应步骤，并将这个发现总结为“光合碳循环”。后人为了纪念卡尔文这位伟大的发现者，也把光合碳循环称为“卡尔文循环”。

其实，关于植物光合作用的研究，早在17世纪初就开始了。当时，有一位名叫赫尔蒙特的比利时医生就做过这样一个有趣的试验。他把十分容易生根成活的一段柳树枝条种植在一个大瓦盆里。5年以后，当赫尔蒙特再次进行称量时，柳树增加的质量远远大于土壤减少的质量。所以，根据这个试验，赫尔蒙特认为，使柳树生长并增加质量的物质，主要来源于雨水，而不是土壤，这个结论在今天看来虽然并不十分科学和严谨，但是，它开创了人们使用定量的方法来研究生物学的先例，是对生物学研究的一个重要贡献。

长崎爆炸腾起的蘑菇云

知识链接

“好空气”和“坏空气”之说

同时将两只老鼠分别放在两个密封的钟罩内，其中一个钟罩里还放进了一株生长旺盛的植物。不久，没有植物陪伴的老鼠渐渐减少了活动，很快就死去了；而在放有绿色植物的另一个钟罩内，老鼠依然可以进行正常的活动，并且持续生括了好几天。根据这个试验，得出了植物能够把坏空气变成好空气的结论，而动物的呼吸将好空气变成坏空气。

1727年，英国牧师黑尔斯在他的著作《植物静力学》中就曾经提出了与赫尔蒙特不同的观点。黑尔斯在这部书中说，植物体在生活过程中所形成并积累的固体物质，是植物叶子从空气中所吸收的养分变化而来的。

童第周——中国胚胎学的奠基人

TONGDIZHOU—ZHONGGUOPEITAIXUEDEDIANJIREN

童第周，浙江省鄞县人，是享誉海内外卓越的生物学家、教育家。生前曾担任过中国科学院副院长、动物研究所所长。他是卓越的实验胚胎学家，中国实验胚胎学的主要奠基人，20世纪生物科学研究的杰出领导者。

成长之路

1902年5月28日出生于浙江鄞县一个农民家庭，伴随着幼年丧父，家境清贫，童第周靠兄辈抚养，慢慢长大。他的几个哥哥深明大义，将小童第周送入了可供食宿的浙江省立第四师范学校读书。小童第周此时心中已有另一番高远的志向，他要进当时省内名望极高的宁波效实中学读书。

小童第周一丝不苟地进行备考，一家人也全都动员起来，支持他。善良的老母亲经常在半夜时分悄悄起床，隔着窗户静静地注视着儿子房间的烛光……

小童第周终于考取效实中学，成为三年级的插班生，可是他的成绩全班倒数第一。面对成绩单，小童第周流下了伤心的泪水。

很快在自己的努力和老师的关心下，到高三期末考试，他的总成绩名列全班第一。

从倒数第一到正数第一，正负两个第一发生了倒转。这样惊人的进步让校长陈夏常无限感慨，他说："我当了多年校长，从来没有看到过进步这么快的学生！"

1924年7月，童第周在哥哥的支持下，考入复旦大学，在进入上海复旦大学以后，他更加勤奋学习，临近毕业时，他已经成为生物系的高材生了。

留学经历

1930年童第周在亲友们的资助下，远度重洋，来到北欧比利时的首都——布鲁塞尔，在欧洲著名生物学者勃朗歇尔教授的指导下，研究胚胎学。

当时，他发现有的外国留学生对中国人抱着一种藐视的态度，说"中国人是弱国的国民"。和他同住的一个洋人学生，公开说："中国人太笨。"

听到这些，童第周再也压抑不住满腔的怒火，对那个洋人说："这样吧，我们来比一比，你代表你的国家，我代表我的国家，看谁先取得博士学位。"

童第周憋着一股气，在日记中写下了自己的誓言："中国人不是笨人，应该拿出东西来，为我们的民族争光！"

4年之后，通过答辩，比利时的学术

知识链接

克隆技术

克隆是英文"clone"的音译，在台湾与港澳一般意译为复制或转殖，是利用生物技术由无性生殖产生与原个体有完全相同基因组之后代的过程。科学家把人工遗传操作动物繁殖的过程叫克隆，这门生物技术叫克隆技术，含义是无性繁殖。克隆技术在现代生物学中被称为"生物放大技术"。

委员会决定授予童第周博士学位。在荣获学位的大会上，童第周激动地说："我是中国人，有人说中国人笨，我获得了贵国的博士学位，至少可以说明中国人决不比别国人笨。"

学术研究

在抗战期间的那些动荡的日子里，他一直没有放弃他热爱的研究工作，并在经典胚胎学基础理论研究上取得很大突破，引起国际瞩目。

童第周与他的合作者揭示了胚胎发育的极性现象。他们在两栖类胚胎发育的研究中，发现纤毛运动方向的决定时间在原肠期和神经板初期，证明外胚层纤毛运动的方向决定于中胚层和内胚层，而且这种感应能力在个体发育中是沿着胚胎的前后轴从头到尾逐渐减弱的，表明了胚胎发育的极性现象。

他们还证明这种感应能力是由一种未知的化学物质引起的，这种化学物质通过细胞间的渗透作用，诱导了胚胎纤毛的运动方向。就连国际学术界也公认童第周是脊椎动物实验胚胎学的世界权威!

成为中国的"克隆之父"

1950年，经童第周提议，中国科学院在青岛设立海洋生物研究室，这一年，他48岁。1934年从比利时回国已经整整16年了，最好的年华都在战乱动荡的时代里过去，年近半百，童第周终于有了一间安宁的实验室。

童第周（1902~1979）

他在1930~1960年期间，利用青岛文昌鱼、海鞘和鱼类为材料，进行了一系列的实验胚胎学研究。他系统地研究了在生物进化中具有重要地位的脊椎动物文昌鱼卵子发育的规律，精确地绘制了器官预定形成物质的分布图，证明了文昌鱼分裂球具有一定的调整能力等，为进一步确定文昌鱼在分类学上的地位提供了重要证据。

这些研究成果至今是科学文献中的精品，在国内外学术界产生了深远的影响，开创了中国"克隆"技术之先河，童第周成为中国当之无愧的"克隆之父"。

1948年，童第周当选为中央研究院院士。同年应美国洛氏基金会邀请到美国耶鲁大学任客座研究员。1978年任中国科学院副院长。

名人名言

应该记住，我们的事业，需要的是手，而不是嘴。

——童第周

袁隆平当选美国科学院院外院士的理由是：袁隆平先生发明的杂交水稻技术，为世界粮食安全作出了杰出贡献，增产的粮食每年为世界解决了3500万人的吃饭问题。

袁隆平——杂交水稻之父

YUANLONGPING—ZAJIAOSHUIDAOZHIFU

袁隆平，1930年生于北平（今北京），江西省德安县人，现在居住在湖南长沙。中国杂交水稻育种专家，中国工程院院士。现任中国国家杂交水稻工作技术中心主任暨湖南杂交水稻研究中心主任、湖南农业大学教授、中国农业大学客座教授、怀化职业技术学院名誉院长、联合国粮农组织首席顾问、世界华人健康饮食协会荣誉主席、湖南省科协副主席和湖南省政协副主席。2006年4月当选美国科学院外籍院士，被誉为“杂交水稻之父”。2011年获得马哈蒂尔科学奖。

袁隆平

梦，诞生于儿时那片美丽的园艺场

大约6岁时，袁隆平参加一次郊游，老师带着他们来到武汉郊区，参观了一个私人园艺场。虽然那里规模不大，但那些红红的桃子、果实累累的葡萄、漂亮的花花草草对小孩子有很大的吸引力，给幼年的袁隆平的印象极为深刻。刚好他那时才看过一部电影《摩登世界》，里面的花园郁郁葱葱，到处是芬芳的花草和一串串鲜艳的果实。他觉得这一切实在是太美了！当时，他就想：“将来我一定要去学农。”

1953年，从西南农学院农学系毕业的袁隆平，为了追求心中的梦，毅然从四川重庆来到了偏僻的湘西雪峰山旁的安江农校任教。

志，诞生于那个饥饿的年代

袁隆平是一个富有传奇色彩的人。他出生在北京，从小家境还可以，虽在战火纷飞的年代，却一直读书受教育，前后辗转到了北京、重庆、武汉、南京等大城市。母亲启蒙了他的英语，后来又上过教会学校，因此会说一口地道的英语。

不久，一场罕见的饥荒席卷神州大地。袁隆平亲眼见到有人饿倒在路边、田坎上，很多人因饥饿得了浮肿病。袁隆平为这沉痛的现实深深感到不安。从那一刻开始，他将“所有人不再挨饿”奉为终生的追求。人类到底能否战胜饥饿？袁隆平

袁隆平，中国著名农学家，中国工程院院士，美国科学院院外院士，中国杂交水稻研究领域的开创者和带头人。荣获中国最高科学技术奖和多项国际奖，被称为当代神农。

思索再三，认为还是要靠科技进步。

为了实现“所有人不再挨饿”的梦想，袁隆平以一种义无反顾的精神一头扎进了杂交水稻这个世界性的难题中。不为别的，就是为了让现实中落后、贫困的农村能变得如儿时园艺场那般富饶而美丽。为此，他所经历的困苦与磨难超出了常人的想象，但他数十年如一日地坚持着，努力着。

杂交水稻之父

如今，袁隆平以自己的才华和不懈的努力，在古老的土地上创造了非凡的奇迹——最早将杂种优势广泛应用于水稻生产。目前在中国，有一半的稻田里播种着他培育的杂交水稻，每年收获的稻谷60%源自他培育的杂交水稻种子。

袁隆平被称为“杂交水稻之父”，他的眼界很小，他只在一粒小小的稻种上倾注了所有的精力；袁隆平的贡献很大，他让这粒稻种解决了13亿中国人吃饭的问题。现在，这位品牌价值高达1000亿元人民币的中国“杂交水稻之父”正把心血投注到“超级杂交稻”的研制上。据说，它不是比一般品种的杂交稻增产25公斤、50公斤，它将可能增产150公斤、200公斤、250公斤。

知识链接

袁隆平星的命名

1999年10月，经国际小天体命名委员会批准，中国科学院北京天文台施密特CCD小行星项目组发现的一颗小行星（8117）被命名为“袁隆平星”。这颗小行星是1996年9月18日在兴隆观测站发现的，发现后的暂定编号为1996SD1，其中SD正好是中文“水稻”的汉语拼音字头，当它获得8117这一永久编号后，为了表示对“杂交水稻之父”袁隆平先生的敬意，天文学家们决定把它命名为袁隆平星。

观查水稻的袁隆平

惠及全球

袁隆平的杂交水稻获得成功之后，杂交稻已引起世界范围的关注，并且开始在世界各国试验试种。

袁隆平近年来，先后应邀到菲律宾、美国、日本、法国、英国、意大利、埃及、澳大利亚8个国家讲学、传授技术、参加学术会议或进行技术合作研究等国际性学术活动19次。

杂交水稻逐步推向世界，美国、日本、菲律宾、巴西、阿根廷等100多个国家纷纷引进杂交水稻。自1981年袁隆平的杂交水稻成果在国内获得建国以来第一个特等发明奖之后，1985~1988年的短短4年内，又连续荣获了3个国际性科学大奖。国际水稻研究所所长、印度前农业部长斯瓦米纳森博士高度评价说：“我们把袁隆平先生称为‘杂交水稻之父’，因为他的成就不仅是中国的骄傲，也是世界的骄傲，他的成就给人类带来了福音。”

白鹇分化为14亚种。中国有8个亚种，其中5个亚种见于云南西部和南部地区。云南是白鹇的起源地。白鹇在国外主要分布于东南亚的缅甸东部、泰国北部和中南半岛等国家。

郑作新——发现峨眉白鹇

ZHENGZUOXIN—FAXIANEMEIBAIXIAN

郑作新，从事鸟类学研究60多年，撰写专业书籍30多部，研究论文140多篇。研究成果曾先后7次获得国家和科学院的重大科技成果奖。

郑作新，中国鸟类学家。中国科学院院士。1906年11月18日生于福建福州。1926年毕业于福建协和大学生物系。1927年和1930年分别获美国密歇根大学硕士和科学博士学位。历任福建协和大学系主任兼教务长、理学院院长，中国科学院动物研究所研究员、室主任，中央大学、北京大学等校教授，北京自然博物馆副馆长，中国动物学会、中国鸟类学会理事长、国际雉类协会会长等职。他对中国鸟类进行系统的考察和研究，曾发现中国鸟类16个新亚种，撰写了1000多万字的论文和专著。

发现峨眉白鹇

1960年春天，郑作新登上了四川省的峨眉山。峨眉山是我国著名的旅游胜地，也是我国佛教的四大名山之一。这里山峦迭秀，林木茂盛，气候温和，风景秀丽，一年四季游客不断。这里的生物资源也很丰富，因此吸引了不少专家来考察。郑作新就是其中之一。

峨眉白鹇

一天，郑作新在考察中，来到一位老乡的小茅屋休息。在茅屋的一个角落里，郑作新发现了一只美丽的鸟。他仔细一看，不由得怔住了：原来，这是一只少见的雄性白鹇！它的头顶仿佛戴着一顶华贵的帽子，红红的冠子后面，披着几绺蓝黑色的羽毛，闪烁着宝石般的光泽；腹部的羽毛是蓝黑色的，跟背部和翅膀形成鲜明的对比。最引人注目的，是那几棵长长的白色尾羽，使它的身体显得修长而又俊美。

郑作新知道，白鹇是受国家保护的珍稀动物，共有13个亚种，都生活在我国的云南、广东、广西、海南岛以及东南亚的柬埔寨、越南的热带或亚热带地区的高山竹林里，峨眉山从来没有发现过。于是他感到奇怪：这只白鹇是从哪里来的呢？该不会是游客从外地带来"放生"的吧？

郑作新根据自己的研究，得出了一个结论：峨眉山的白鹇和生长在南方各省的白鹇并不相同，它是一个新的亚种，并把它命名为"峨眉白鹇"。这样，白鹇一共有14个亚种了。

郑作新把这个发现写成论文，和有关的同志联名投登《动物学报》。论文发表

白鹇因其体态娴雅、外观美丽，自古就是著名的观赏鸟。中国很早就饲养白鹇，散见在诗、词及其他文学作品中。18世纪传入欧洲。各国动物园和饲禽业，多有饲养。

后，郑作新还把它寄给了民主德国的著名鸟类学家施特斯曼教授。国际学术界确认了这个发现。

寻找家鸡的祖先

1961年，郑作新带领几位年轻的鸟类学工作者，又一次奔赴云南南部一带，寻找家鸡的祖先——生活在野外的原鸡。

在我国，家鸡饲养有很悠久的历史。可是，中国家鸡的祖先是怎样被驯化的呢？对于这个问题，欧美各国和日本的有关书籍中，都一致地写道，中国家鸡是从印度引入的。

这种说法是英国著名科学家达尔文提出的。达尔文·在他的著作《动物和植物在家养下的变异》中说，“鸡是原产印度的动物，在公元前1400年的一个王朝时代，引到了东方中国。”由于达尔文的巨大威望，100多年以来，大家都对这个说法深信不疑，就连我国的农业教科书也这样介绍。

然而，勤于思考的郑作新却对这个说法产生了怀疑。他想，我们的祖先为什么不能驯化中国的原鸡，非要远由印度引进呢？他很想把这个问题调查个水落石出。

郑作新一头扎进了科学院图书馆的古书堆里。在1609年印行的书中，比较著名的只有《三才图会》。其中有一段文字是这样的：“鸡有蜀鲁荆越数种。鸡西方之

郑作新（1906~1998）

物，大明生于东，故鸡入之。”

很显然，这段文字就是达尔文提出论断的根据。可是，郑作新通过分析后认为，这里所说的“西方”，不是指的印度，而是指位于中国西部的“蜀、荆等地”（即今四川、湖北一带）。于是，一个大胆的、崭新的推断在他心中产生了：中国的家鸡不是从印度引进的，而是中华民族的祖先用生活在中国西部地区的原鸡驯化的；由于达尔文的疏忽，造成了一个人云亦云、流传百年的错误！

郑作新和助手们经过许多天的奔波努力，一天，他们在一个山寨旁的河谷里，发现了16只正在觅食的原鸡。它们的觅食习性和家鸡很相像，到了夜晚，有几只胆大的，还跑入村舍，和村民饲养的家鸡玩耍、交配呢！郑作新经过几天连续的隐蔽观察，最后确定，它们就是原鸡，就是中国家鸡的祖先——古代原鸡的后代！

从云南回来以后，郑作新还广泛地

名人名言

人生的意义在于奉献，要无愧于祖先和后代。

——郑作新

郑作新雕像

查阅考古方面的著述。他发现，我国考古学家曾经从中国史前文化遗址的出土文物中，找到了鸡型的陶制器皿。这也是古代中华民族饲养家鸡的有力证明。

综合各方面的考察和研究的结果，郑作新提出了“中国家鸡的祖先是中国的原鸡，是由中国人自行驯化的”的结论。这个结论很有影响，并得到国内外学术界的公认。

后来，郑作新在提起这件事时，很有感慨地说过，搞科学不能迷信权威，对权威的错误也要认真纠正。

知识链接

白 鹇

白鹇又名银鸡。雄鸟上体和两翅白色，密布黑纹。羽冠和下体都是灰蓝色。尾长，中央尾羽近纯白色，外侧尾羽具黑色波纹，它在林中疾走时，从远处望去，很象披着白色长“斗蓬”，被风吹开露出灰蓝色的内衣。眼裸出部分赤红，脚亦红色，鲜艳显眼。雌鸟全身呈橄榄褐色，羽冠近黑色，和雄鸟相比十分逊色。

出版《中国鸟类区系纲要》

1978年，郑作新已经70多岁了，然而他不服老。在当年举行的全国科学大会上，他笑容满面对别人说：“你们总爱问我多大年纪。告诉你们吧，我今年72岁，过年就73啦。可是我要把73岁当成37岁过，这正是我的黄金时代啊！我要活到2000年，工作到2000年。”

“老骥伏枥，志在千里。”他一天也不停地忙碌着。为了向世界介绍中国的鸟类情况，满足各国鸟类工作者的需要，郑作新花费了几年时间，在自己50年鸟类研究工作的基础上，写成了英文版的《中国鸟类区系纲要》。

这部1200多页的巨著，概括了中国有史以来发现和记载的所有鸟类，于1987年出版后，受到了世界各国鸟类学家的热烈欢迎。为了表彰郑作新的杰出成就，美国国家野生动物学会授予他“1987年美国自然资源保护成就”奖。

生命不止，工作不息

由于郑作新在鸟类学研究方面做出的突出贡献，1980年，他当选为中国科学院学部委员。同年，中国鸟类学会成立，他当选为理事长。1984年，中国动物学会也推举他为理事长。国际鸟类学界也很尊重他，推选他为英、美、德等国鸟类学会的通讯会员。1979年，他在英国伦敦举行的雉类学术论讨会上做报告，并被推任世界雉类协会副会长，后来又被选为会长。